知っておきたい 75歳からの免許更新

JAFメディアワークス

Contents

Part 3 長く健康で安全に運転を続けるために

はじめに

認知機能が衰えると運転にどう影響する？

認知機能とは、記憶力や判断力、言語能力など、ものごとを正しく理解して適切に実行するための知的機能のこと。運転は、この認知機能をふんだんに使う高度な作業といえる。

認知機能が衰えると、道順を忘れたり、新しい機器類の操作方法を覚えられなくなったりするだけでなく、危険な事象を見落としたり、距離感が正しくつかめなくなったりして、交通事故のリスクが高まる。なかでも道路の逆走やアクセルとブレーキの踏み間違いなどは、重大な事故につながる可能性がある。

免許更新を、自らの認知機能の状況を知るきっかけに

この認知機能の状況を簡易に判定するのが、75歳以上の免許更新時に受検が義務付けられている認知機能検査だ。２０２３年には約２５０万人が受検。得点が低いと「認知症のおそれがある」と判定され、免許更新のためには、医師の診断を受けることになる。自分の認知機能の状況を点数化されることに抵抗感や不安を抱く高齢者は少なくないが、自分の認知機能の現状を把握することは、よいことと言える。75～79歳のおよそ４人に１人は認知症またはＭＣＩ（軽度認知障害）とする調査データもあり、誰もが認知症になる可能性があるからだ。

安全な運転をするためにも、認知機能の衰えを防ぐためにも、認知症の発見は早いほうが望ましい。そのためには、75歳以上の免許更新を機に、自身の健康管理のひとつとして、自主的に病院で認知症かどうかの診察を受けることも有効だ。

認知症でないことがわかる診断書があれば、免許更新もスムーズに

病院で自主的に検査を受け、認知症でないことがわかる検査結果と医師の判定を記載した診断書（免許更新期間満了日前の6か月以内）を都道府県ごとの窓口に提出すれば、免許更新時の認知機能検査が免除される。

病院での検査は、免許更新時の認知機能検査よりも検査項目が多く、費用もかかる。しかし、認知症でないことがわかれば免許更新はスムーズになり、仮に認知症であっても、早期に治療を始められるメリットがある。ＭＣＩのうちであれば、生活習慣の改善や脳を活性化するトレーニング等で認知機能の維持・向上を図ることもできる。

少しでも長く、安全で健康的なカーライフを

本書は、病院での認知症の診察にまだ抵抗感のある人が、受診を前向きにとらえ、認知機能の状況を把握して免許更新と安全運転に活かすことを目的としている。

パート1では、免許更新時に受ける認知機能検査の手順と内容を解説。検査内容は毎年変わらないので、受検前の対策に活かしていただきたい。パート2では、自主的に医師の診断を受けたい人のために、病院での診察内容を紹介する。認知機能検査の結果、医師の診断が必要となった人にも役立つ。パート3では、今後も安全に運転を続けるためのアドバイス、ＭＣＩから認知症への進行予防対策などをまとめた。

多くの高齢ドライバーの方々が、この先も長く、安全で健康的なカーライフを続けられるように、本書を活用していただければ幸いだ。

運転に必要な認知機能をチェックしてみよう！

JAF は、高齢ドライバー（エイジド・ドライバー）の安全運転を応援するサイトを公開している。自分の認知機能の状況をゲーム感覚でチェックできるテストや、記憶力や集中力を維持するトレーニングなどに気軽にチャレンジできるので、ぜひ活用してみよう。

JAF　エイジド・ドライバー　検索　https://jaf.or.jp/common/safety-drive/online-training/senior/

主なコンテンツ

- 免許更新前の講習や検査について
- 認知機能の実技に沿った学習
- 運転機能の自己診断テスト
- 運転前のストレッチ体操など

認知機能の確認

運転に必要な認知機能を簡易的にチェック！

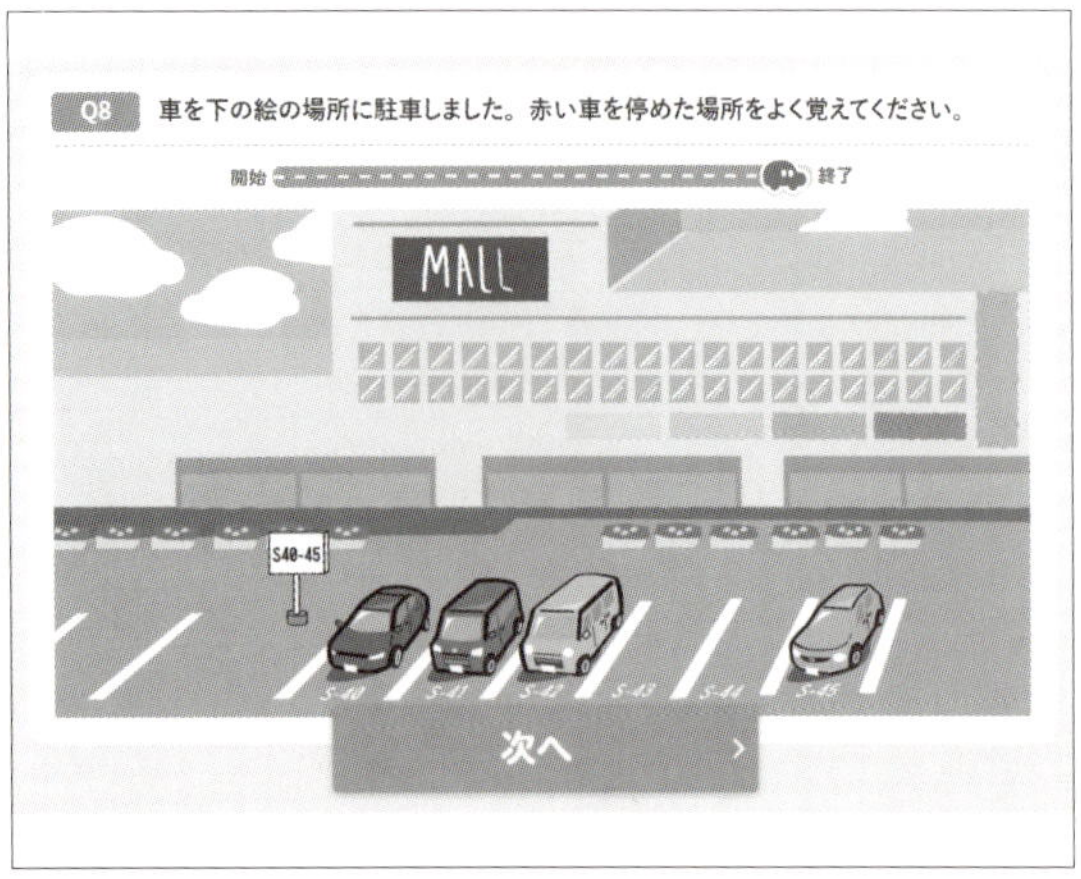

いろ・よみ識別力トレーニング

瞬時に適切な判断をするための集中力を維持。

イラスト記憶力トレーニング

運転に必要な記憶力や集中力を維持。

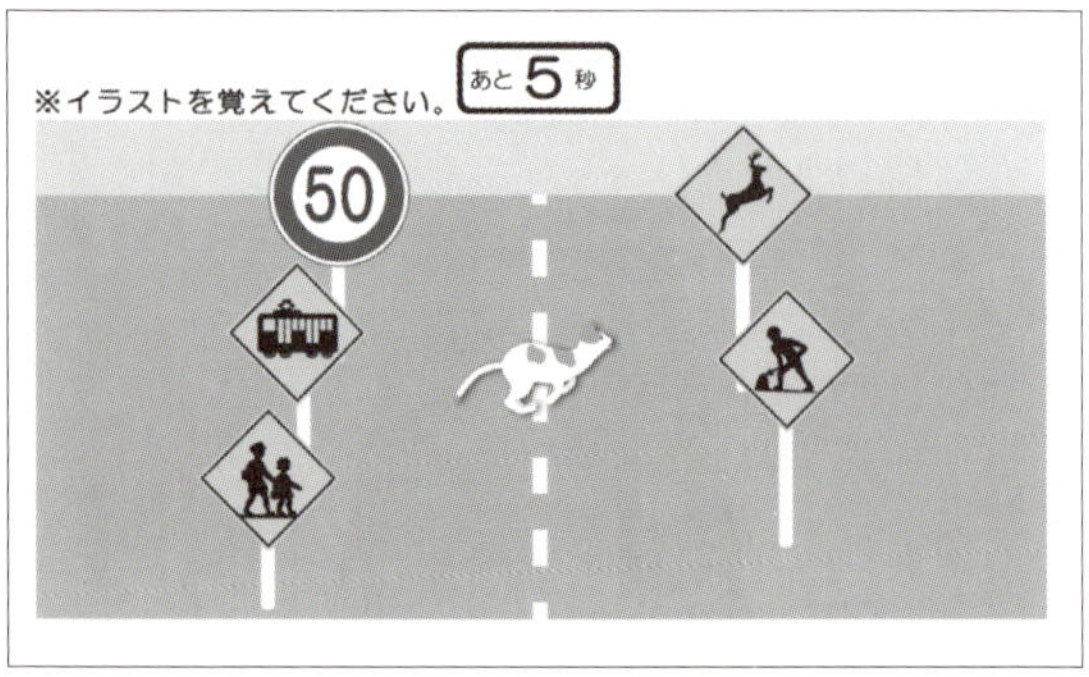

Part 1

75歳以上の免許更新時の認知機能検査とは

75歳以上の人は、運転免許証を更新する際に認知機能検査を受けることになる。この検査は認知機能の状況を確認することが目的で、点数が低いと「認知症のおそれがある」と判定され、医師の診断が必要となる。
このパートでは、認知機能検査の流れや実際に出される問題、総合点の計算、判定後の通知などについて説明する。

このパートは、警察庁のホームページ「認知機能検査について」および「警察庁の施策を示す通達（交通局）」の内容（2024年7月現在）をもとに制作。

寄稿（P34）
NPO法人 高齢者安全運転支援研究会
理事長 岩越和紀

75歳以上は認知機能検査が必須科目に

3年ごとの免許更新とセットで必ず受検

75歳以上の人が運転免許証を更新するためには、認知機能検査と高齢者講習を受ける必要がある。

運転免許証には「〜まで有効」と有効期間が記載されている。その日付は誕生日の1か月後であり、これが免許証の更新期間満了日でもある。この満了日の約190日前、つまり半年以上前に、認知機能検査と高齢者講習についての通知書が届く。

どちらも予約制なので、記載内容に従って会場（自動車教習所や運転免許センター等）に連絡し、受検や受講の日時を決めよう。混んでいて予約が取りづらいこともあるため、通知書が届いたら速やかに連絡するのがおすすめだ。予約状況をホームページで公開している都道府県もある。

認知機能検査の結果が36点未満の場合は「認知症のおそれがある」と判定され、医師の診断が必要になる。認知症でないと診断された場合は免許証を更新でき、認知症と診断された場合は免許の取り消し等の対象となる。

なお、高齢者講習に合否はなく、受講さえすればよい。

75歳以上の免許更新の流れ

※検査・講習の順序は地域によって異なる場合がある

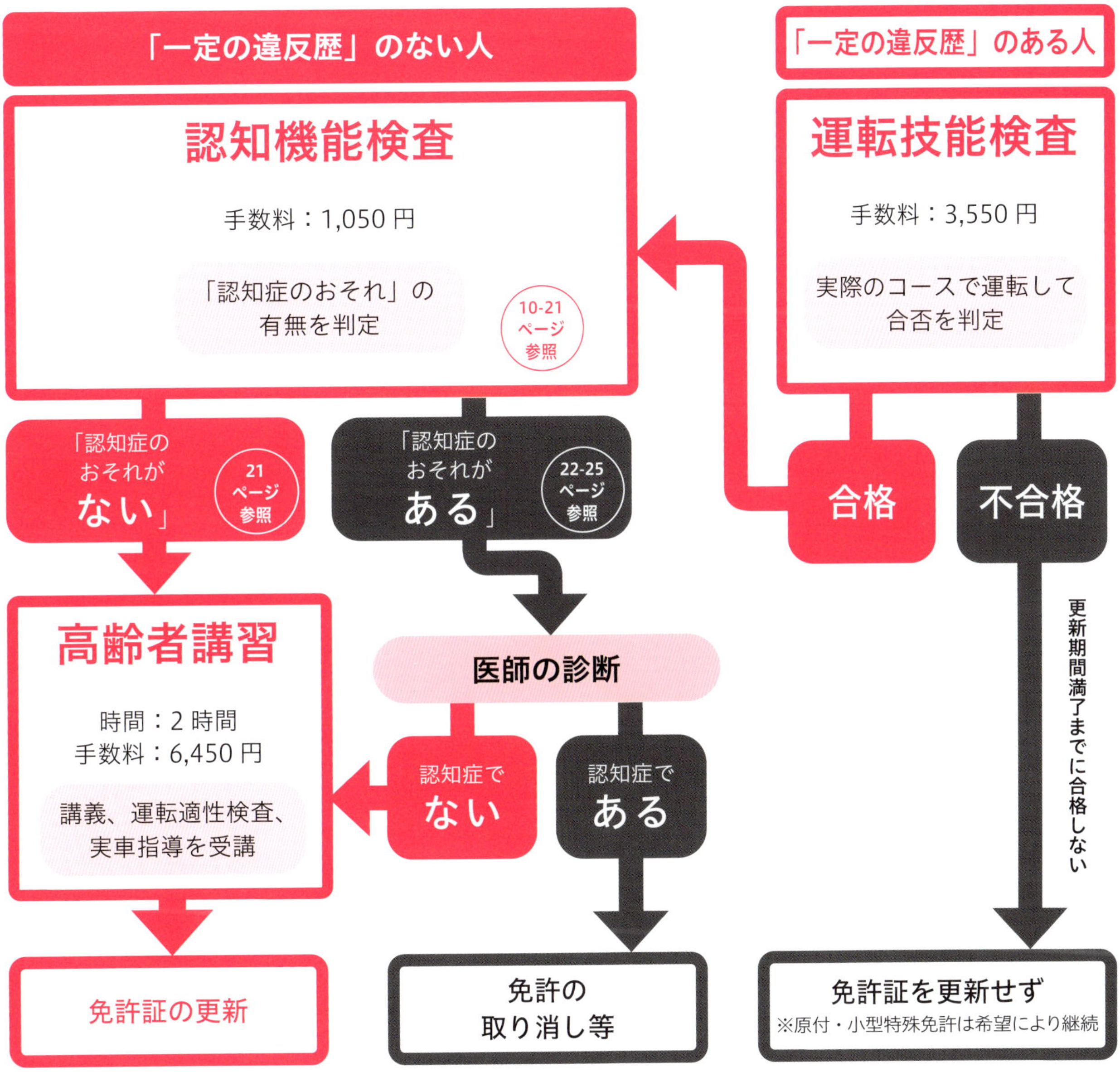

※認知機能検査と運転技能検査は再受検が可能　※検査・受講の費用は標準額
出典：警察庁ホームページの資料をもとに作成

「一定の違反歴」がある人は運転技能検査も受検

下記11違反のいずれかを、更新期間満了日直前の誕生日の160日前から過去3年間にしている人は、免許更新に際して運転技能検査を受ける。

①信号無視　②通行区分違反　③通行帯違反等　④速度超過
⑤横断等禁止違反　⑥踏切不停止等・遮断踏切立入り
⑦交差点右左折方法違反等　⑧交差点安全進行義務違反等
⑨横断歩行者等妨害等　⑩安全運転義務違反　⑪携帯電話使用等

認知機能検査の流れ

① 検査についての説明

② 名前、生年月日の記入

③ 検査❶　手がかり再生
・絵の記憶（約1分×4回）
・介入課題（30秒×2回）

絵の例（パターンAのイラスト）
イラストの組み合わせはA～Dの4パターンしかない。いずれか1パターンが出題される。

採点なし

回答用紙　1

→

9	3	2	7	5	4	2	4	1	3
3	4	5	2	1	2	7	2	4	6
6	5	2	7	9	6	1	3	4	2
4	6	1	4	3	8	2	6	9	3
2	5	4	5	1	3	7	9	6	8
2	6	5	9	6	8	4	7	1	3
4	1	8	2	4	6	7	1	3	9
9	4	1	6	2	3	2	7	9	5
1	3	7	8	5	6	2	9	8	4
2	5	6	9	1	3	7	4	5	8

※ 指示があるまでめくらないでください。

2つの問題で 記憶力、判断力を検査

認知機能検査は、運転に必要な記憶力、判断力を確認するために行う。

検査❶「手がかり再生」とは、最初に16点の絵を4点ずつ4回に分けて記憶し、「介入課題」を経た後に、何の絵があったかを全て思い出す問題。最初はヒントなし、次にヒントありで回答する。介入課題は採点されない。

検査❷「時間の見当識」では、検査時の年、月、日、曜日、時刻を、カレンダーや時計などを見ないで回答する。

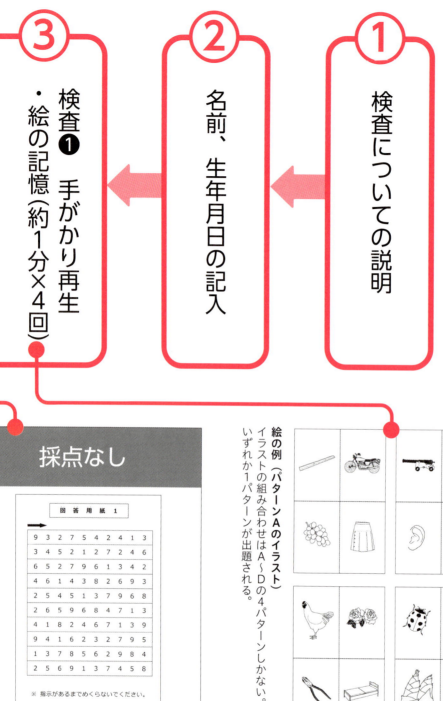

・ヒントなしの回答（3分）
・ヒントありの回答（3分）

④ 検査❷ 時間の見当識（2分）

⑤ 検査用紙の回収

⑥ 採点、結果の通知

採点あり
配点：約 20%

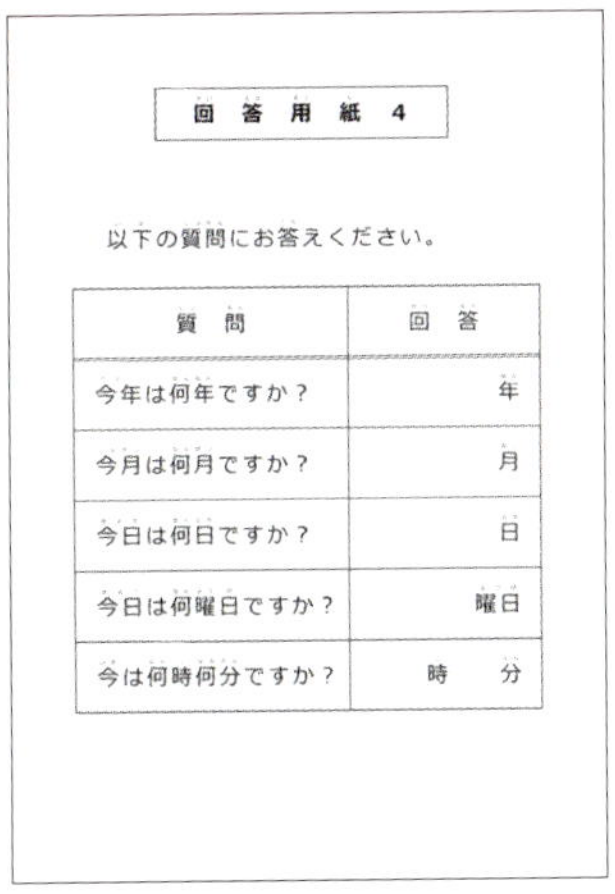

回 答 用 紙 4

以下の質問にお答えください。

質 問	回 答
今年は何年ですか？	年
今月は何月ですか？	月
今日は何日ですか？	日
今日は何曜日ですか？	曜日
今は何時何分ですか？	時 分

採点あり
配点：約 80%

回 答 用 紙 3

1．戦いの武器	9．文房具
2．楽器	10．乗り物
3．体の一部	11．果物
4．電気製品	12．衣類
5．昆虫	13．鳥
6．動物	14．花
7．野菜	15．大工道具
8．台所用品	16．家具

※ 指示があるまでめくらないでください。

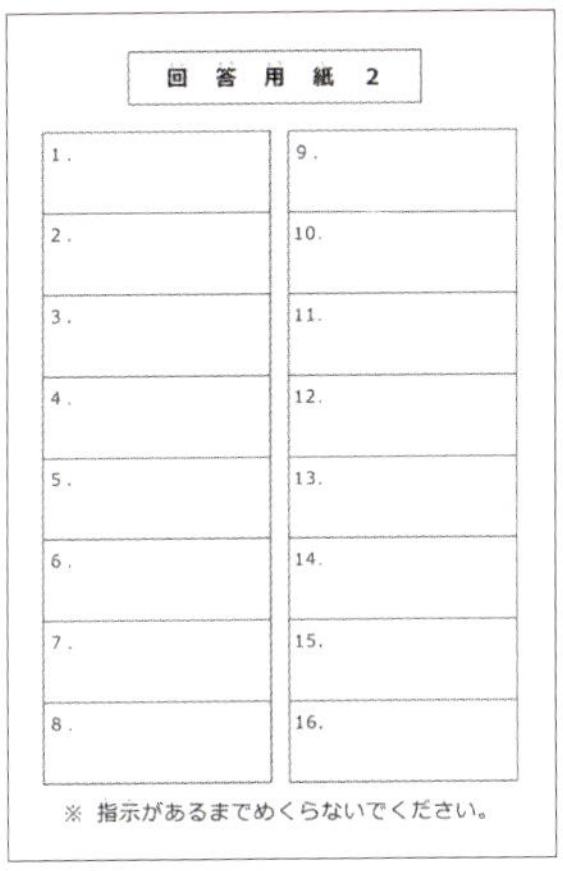

回 答 用 紙 2

1．	9．
2．	10．
3．	11．
4．	12．
5．	13．
6．	14．
7．	15．
8．	16．

※ 指示があるまでめくらないでください。

タブレット検査なら自分のペースで進められる

従来の検査は、検査員が口頭で質問して検査用紙に回答を記入するペーパー検査だが、タブレット端末を使用するタブレット検査を導入している検査会場もある。

タブレット検査は、ヘッドホンから流れるガイダンスを聞きながら、電子ペンで画面に文字を書いて回答するシステムで、音量調節やガイダンスの聞き直しもできる。リアルタイムで採点されていくため、基準点に達すれば、問題が残っていても検査が終了する。

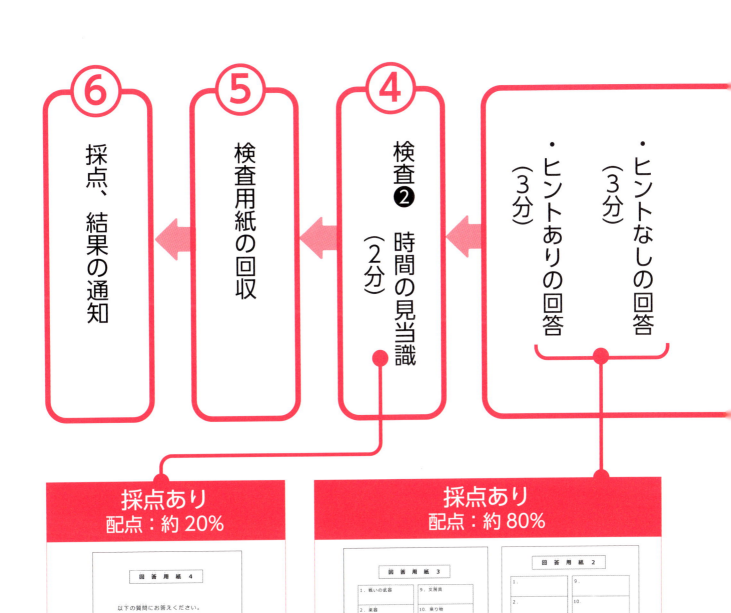

検査❶ 手がかり再生

絵の記憶　パターンＡの場合

見る時間 約1分 ×4回

以下はパターンＡのイラスト。検査員（またはタブレット）が絵を見せながら、よく覚えるように受検者に促す。「この中に**戦いの武器**があります。それは何ですか？　**大砲**ですね」などと、絵とヒントがセットで伝えられる。

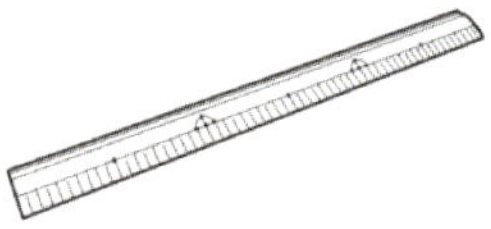

ものさし
ヒント　文房具

オートバイ
ヒント　乗り物

ブドウ
ヒント　果物

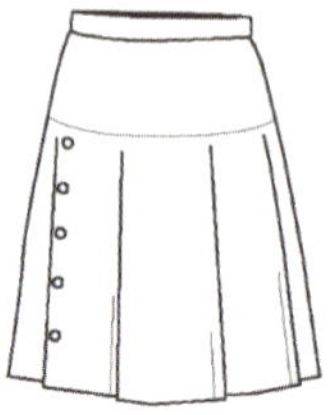

スカート
ヒント　衣類

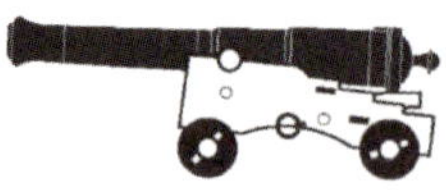

大砲
ヒント　戦いの武器

オルガン
ヒント　楽器

耳
ヒント　体の一部

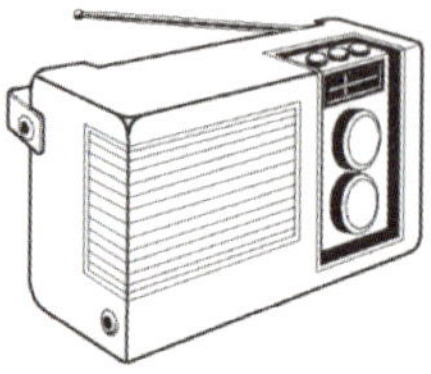

ラジオ
ヒント　電気製品

にわとり
ヒント　鳥

バラ
ヒント　花

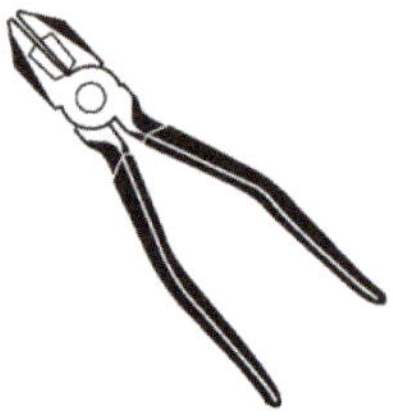

ペンチ
ヒント　大工道具

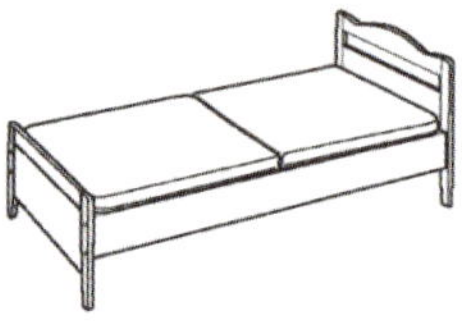

ベッド
ヒント　家具

テントウムシ
ヒント　昆虫

ライオン
ヒント　動物

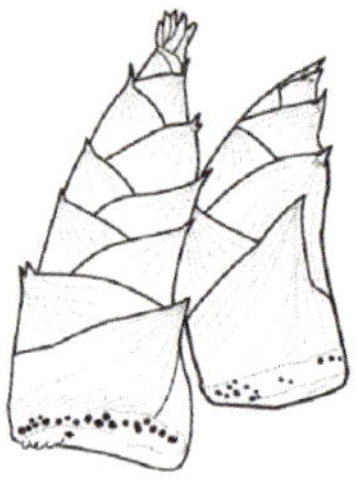

タケノコ
ヒント　野菜

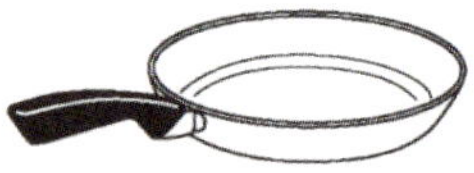

フライパン
ヒント　台所用品

検査❶ 手がかり再生

絵の記憶　パターンBの場合

見る時間
約1分
×4回

以下はパターンBのイラスト。検査員（またはタブレット）が絵を見せながら、よく覚えるように受検者に促す。「この中に**楽器**があります。それは何ですか？　**太鼓**ですね」などと、絵とヒントがセットで伝えられる。

万年筆
ヒント 文房具

飛行機
ヒント 乗り物

レモン
ヒント 果物

コート
ヒント 衣類

戦車
ヒント 戦いの武器

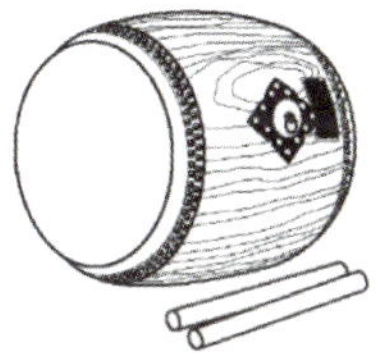

太鼓
ヒント 楽器

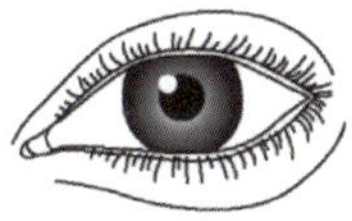

目
ヒント 体の一部

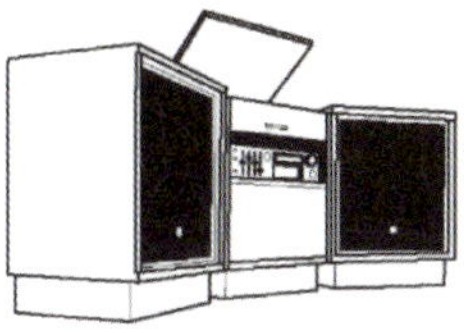

ステレオ
ヒント 電気製品

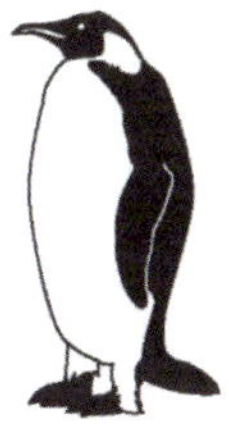

ペンギン
ヒント 鳥

ユリ
ヒント 花

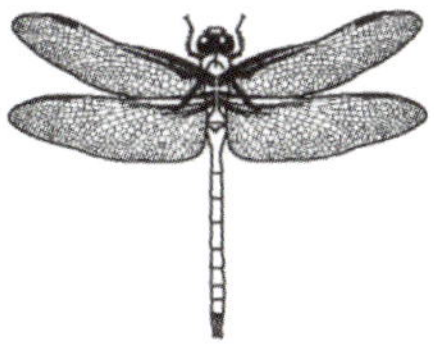

カナヅチ
ヒント 大工道具

机
ヒント 家具

トンボ
ヒント 昆虫

ウサギ
ヒント 動物

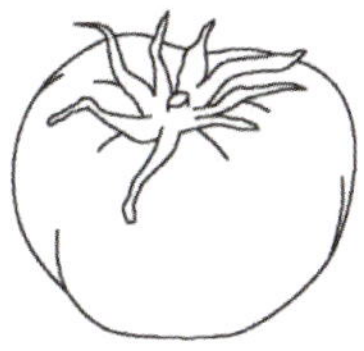

トマト
ヒント 野菜

ヤカン
ヒント 台所用品

検査❶ 手がかり再生

絵の記憶　パターンＣの場合

見る時間　約1分　×4回

以下はパターンＣのイラスト。検査員（またはタブレット）が絵を見せながら、よく覚えるように受検者に促す。「この中に**文房具**があります。それは何ですか？　**はさみ**ですね」などと、絵とヒントがセットで伝えられる。

はさみ
ヒント　文房具

トラック
ヒント　乗り物

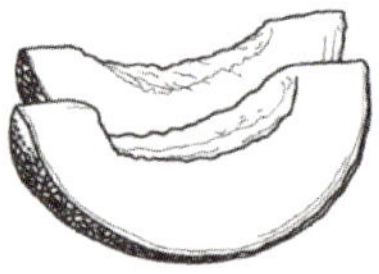

メロン
ヒント　果物

ドレス
ヒント　衣類

機関銃
ヒント　戦いの武器

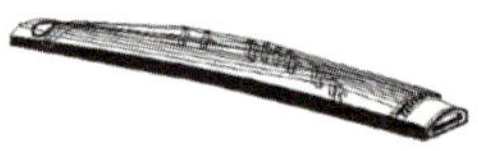

琴
ヒント　楽器

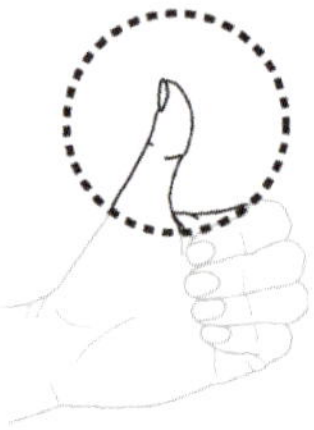

親指
ヒント　体の一部

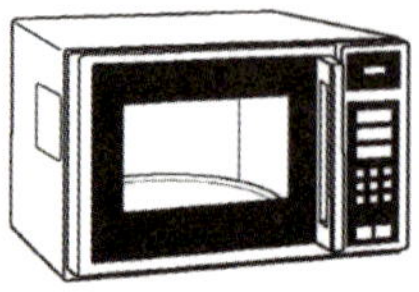

電子レンジ
ヒント　電気製品

クジャク
ヒント　鳥

チューリップ
ヒント　花

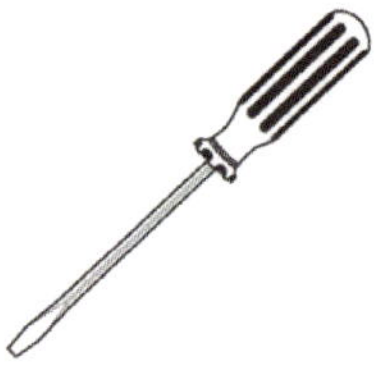

ドライバー
ヒント　大工道具

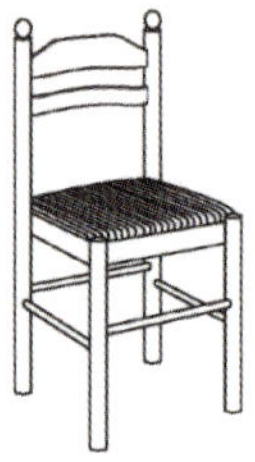

椅子
ヒント　家具

セミ
ヒント　昆虫

牛
ヒント　動物

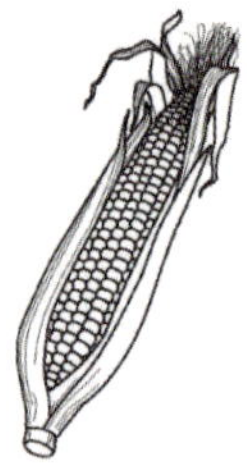

トウモロコシ
ヒント　野菜

ナベ
ヒント　台所用品

検査❶ 手がかり再生

絵の記憶　パターンＤの場合

見る時間
約1分
×4回

以下はパターンＤのイラスト。検査員（またはタブレット）が絵を見せながら、よく覚えるように受検者に促す。「この中に**乗り物**があります。それは何ですか？　**ヘリコプター**ですね」などと、絵とヒントがセットで伝えられる。

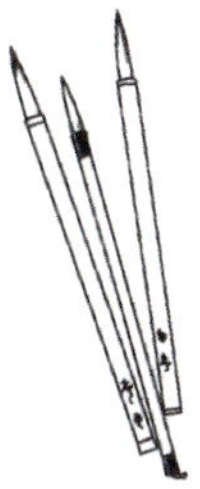

筆
ヒント　文房具

ヘリコプター
ヒント　乗り物

刀
ヒント　戦いの武器

アコーディオン
ヒント　楽器

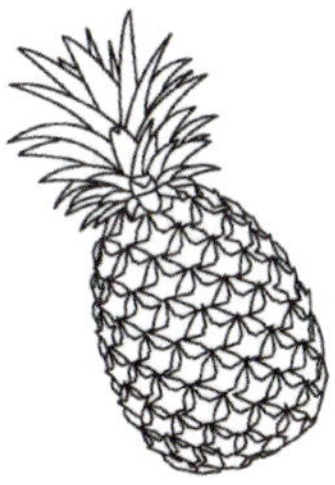

パイナップル
ヒント　果物

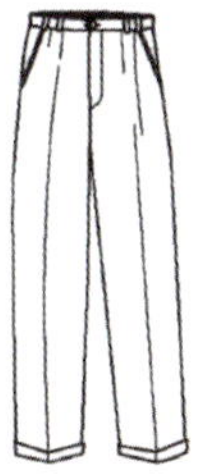

ズボン
ヒント　衣類

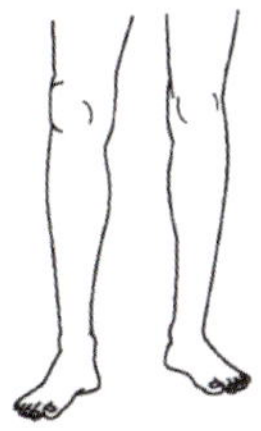

足
ヒント　体の一部

テレビ
ヒント　電気製品

スズメ
ヒント　鳥

ヒマワリ
ヒント　花

カブトムシ
ヒント　昆虫

馬
ヒント　動物

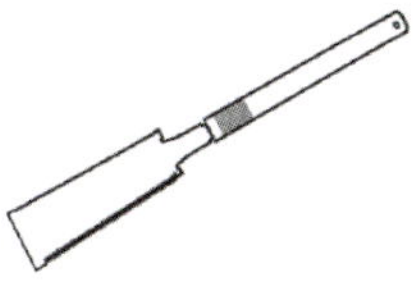

ノコギリ
ヒント　大工道具

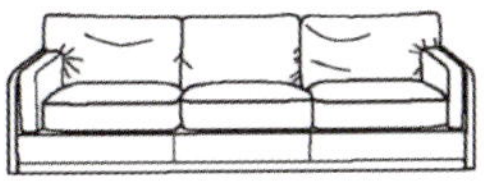

ソファー
ヒント　家具

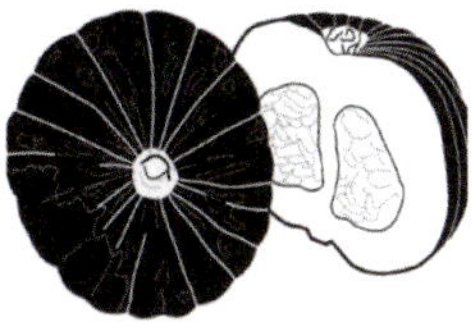

カボチャ
ヒント　野菜

包丁
ヒント　台所用品

検査❶ 手がかり再生

介入課題

用紙に書かれたたくさんの数字の中から、指示された数字に斜線を引いていく課題。「1と4に斜線を引いてください」のような指示が2回出される。
絵を記憶した後、回答するまでに一定の時間を空けるための課題で、採点には影響しない。

回答時間
30秒
×2回

採点なし

回《かい》 答《とう》 用《よう》 紙《し》 1

9	3	2	7	5	4	2	4	1	3
3	4	5	2	1	2	7	2	4	6
6	5	2	7	9	6	1	3	4	2
4	6	1	4	3	8	2	6	9	3
2	5	4	5	1	3	7	9	6	8
2	6	5	9	6	8	4	7	1	3
4	1	8	2	4	6	7	1	3	9
9	4	1	6	2	3	2	7	9	5
1	3	7	8	5	6	2	9	8	4
2	5	6	9	1	3	7	4	5	8

※ 指《し》示《じ》があるまでめくらないでください。

検査❶ 手がかり再生

ヒントなしの回答

「少し前に、何枚かの絵をお見せしました。何が描かれていたのかをよく思い出して、できるだけ全部書いてください」と指示される。
順番(回答欄の番号)も、ひらがな・カタカナ・漢字も不問。書き損じたら消しゴムを使わず、二重線で訂正を。

回答時間

3分

採点あり

回《かい》　答《とう》　用《よう》　紙《し》　2

1.	9.
2.	10.
3.	11.
4.	12.
5.	13.
6.	14.
7.	15.
8.	16.

※ 指《し》示《じ》があるまでめくらないでください。

検査❶ 手がかり再生

ヒントありの回答

「ヒントを手がかりにもう一度、何が描かれていたのかをよく思い出して、できるだけ全部書いてください」と指示される。

ヒントと回答の対応は不問で、例えば「野菜」の欄に「果物」の正答を書いても○になる。

1つの欄に回答を2つ以上書いたら×。

回答時間

3分

採点あり

回《かい》 答《とう》 用《よう》 紙《し》 3

1．戦《たたか》いの武器《ぶき》	9．文房具《ぶんぼうぐ》
2．楽器《がっき》	10．乗《の》り物《もの》
3．体《からだ》の一部《いちぶ》	11．果物《くだもの》
4．電気製品《でんきせいひん》	12．衣類《いるい》
5．昆虫《こんちゅう》	13．鳥《とり》
6．動物《どうぶつ》	14．花《はな》
7．野菜《やさい》	15．大工道具《だいくどうぐ》
8．台所用品《だいどころようひん》	16．家具《かぐ》

※ 指示《しじ》があるまでめくらないでください。

検査❷

時間の見当識

「それぞれの質問に対する答えを回答欄に記入してください」と指示される。

「何年」は西暦でも和暦でもOK。「なにどし」ではないので、「巳年」などと書かないこと。

「何時何分」は、時間の見当識の検査時刻から30分以上ずれなければ○になる。

回答時間 2分

採点あり

回《かい》　答《とう》　用《よう》　紙《し》　4

以《い》下《か》の質問《しつもん》にお答《こた》えください。

質《しつ》　問《もん》	回《かい》　答《とう》
今年《ことし》は何年《なんねん》ですか？	年《ねん》
今月《こんげつ》は何月《なんがつ》ですか？	月《がつ》
今日《きょう》は何日《なんにち》ですか？	日《にち》
今日《きょう》は何曜日《なんようび》ですか？	曜日《ようび》
今《いま》は何時何分《なんじなんぷん》ですか？	時《じ》　　分《ふん》

認知機能検査の採点基準

検査❶ 手がかり再生

ヒントなしの採点

正答は各2点

ヒントありと合算で**32**点満点

- 誤字・脱字は○とする。（例：「大砲」を間違えて「大抱」と書いても○）
- 回答の順番は問わない。（例：5番目に掲示された絵を3番の欄に書いても○）
- 方言や外国語、通称名など、同じものを言い換えた言葉も○。（例：「ブドウ」と説明された絵を「グレープ」と書いても○）
- ひらがな・カタカナ・漢字は問わない。

回答例（パターンAの場合）

回答用紙 2

○	1. 大抱	9. ベッド	○
○	2. オルガン	10. ばら	○
○	3. テントウムシ	11. グレープ	○
×	4. カブトムシ	12. 耳	○
○	5. たけのこ	13. ものさし	○
○	6. ライオン	14.	×
×	7. 包丁	15.	×
○	8. ペンチ	16.	×

※ 指示があるまでめくらないでください。

検査❶ 手がかり再生

ヒントありの採点

ヒントありのみの正答は各1点

ヒントなしと合算で**32**点満点

- ヒントなしですでに正答しているものは、ヒントありで正答しても加点されない。
- ヒントなしですでに正答しているものは、ヒントありで間違えても、その得点が取り消しになることはない。
- ヒントに対応していない回答でも、正しく回答されていれば正答となる。（例：ヒント「動物」の欄に、対応する「ライオン」ではなく、他のヒントに対応する「にわとり」と書いても○）
- 1つの欄に2つの回答を書くと×。

回答例（パターンAの場合）

回答用紙 3

○	1. 戦いの武器 大砲	9. 文房具 ものさし	○
×	2. 楽器 ギター	10. 乗り物 オートバイ	○
○	3. 体の一部 耳	11. 果物 ブドウ	○
×	4. 電気製品 テレビ	12. 衣類 スカート、セーター	×
×	5. 昆虫 カブトムシ	13. 鳥 ペンギン	×
○	6. 動物 にわとり	14. 花 ばら	○
○	7. 野菜 たけのこ	15. 大工道具 ペンチ	○
○	8. 台所用品 フライパン	16. 家具 ベッド	○

※ 指示があるまでめくらないでください。

検査❷

時間の見当識の採点

正答は
「年」5点
「月」4点
「日」3点
「曜日」2点
「時間」1点

15点満点

【何年】西暦と和暦のどちらでも可だが、和暦は元号（令和）を間違えたら×。

【何時何分】検査時刻から30分以上ずれなければ正答。時間の見当識の検査時刻が13時の場合は12時31分〜13時29分であれば○。

回答例（2025年1月20日13時の場合）

回答用紙 4

以下の質問にお答えください。

質問	回答	
今年は何年ですか？	平成 7 年	×
今月は何月ですか？	1 月	○
今日は何日ですか？	日	×
今日は何曜日ですか？	げつ 曜日	○
今は何時何分ですか？	1 時 15 分	○

総合点の計算・判定と通知

総合点は、手がかり再生の点数×2.499 と、時間の見当識の点数×1.336 を合計して算出する。

検査❶ 手がかり再生		検査❷ 時間の見当識
32点満点×2.499	＋	15点満点×1.336

＝

総合点 小数点以下切り捨て（100 点満点）

36 点以上	36 点未満（35 点以下）
認知症のおそれがない	認知症のおそれがある

認知機能検査結果通知書《にんちきのうけんさけつかつうちしょ》

住所《じゅうしょ》

氏名《しめい》

生年月日《せいねんがっぴ》

検査年月日《けんさねんがっぴ》

検査場所《けんさばしょ》

「認知症《にんちしょう》のおそれがある」基準《きじゅん》には該当《がいとう》しませんでした。

今回《こんかい》の結果《けつか》は、記憶力《きおくりょく》、判断力《はんだんりょく》の低下《ていか》がないことを意味《いみ》するものではありません。

個人差《こじんさ》はありますが、加齢《かれい》により認知機能《にんちきのう》や身体機能《しんたいきのう》が変化《へんか》することから、自分自身《じぶんじしん》の状態《じょうたい》を常《つね》に自覚《じかく》して、それに応《おう》じた運転《うんてん》をすることが大切《たいせつ》です。

記憶力《きおくりょく》・判断力《はんだんりょく》が低下《ていか》すると、信号無視《しんごうむし》や一時不停止《いちじふていし》の違反《いはん》をしたり、進路変更《しんろへんこう》の合図《あいず》が遅《おく》れたりする傾向《けいこう》がみられますので、今後《こんご》の運転《うんてん》について十分注意《じゅうぶんちゅうい》してください。

運転免許証《うんてんめんきょしょう》の更新手続《こうしんてつづき》の際《さい》は、この書面《しょめん》を必《かなら》ず持参《じさん》してください。

年　　月　　日

公安委員会 印

36 点以上の人の認知機能検査の結果通知書（見本）

36点以上なら「認知症のおそれがない」

認知機能検査の結果は、上記の採点基準で計算され、結果は当日または後日に、他の受検者に知られないように封書などに入れられた書面で通知される。

得点が36点以上なら「認知症のおそれがない」と判定され、高齢者講習を受ければ免許証の更新手続きができる。

36点未満だった場合は、「認知症のおそれがある」と判定され、医師の診断を求める通知書が届く（22-23ページ参照）。

「認知症のおそれがある」場合の通知

認知機能検査結果通知書《にんちきのうけんさけっかつうちしょ》

住《じゅう》　所《しょ》

氏《し》　名《めい》

生《せい》年《ねん》月《がつ》日《び》

検査年月日《けんさねんがつび》

検《けん》査《さ》場《ば》所《しょ》

総合点《そうごうてん》　　　点《てん》

（A　　点《てん》）

（B　　点《てん》）

記憶力《きおくりょく》・判断力《はんだんりょく》が低《ひく》くなっており、認知症《にんちしょう》のおそれがあります。

> 記憶力《きおくりょく》・判断力《はんだんりょく》が低下《ていか》すると、信号無視《しんごうむし》や一時不停止《いちじふていし》の違反《いはん》をしたり、進路変更《しんろへんこう》の合図《あいず》が遅《おく》れたりする傾向《けいこう》がみられます。
>
> 今後《こんご》の運転《うんてん》について十分注意《じゅうぶんちゅうい》するとともに、医師《いし》やご家族《かぞく》にご相談《そうだん》されることをお勧《すす》めします。
>
> また、臨時適性検査《りんじてきせいけんさ》（専門医《せんもんい》による診断《しんだん》）を受《う》け、又《また》は医師《いし》の診断書《しんだんしょ》を提出《ていしゅつ》していただくお知《し》らせが公安委員会《こうあんいいんかい》からあります。
>
> この診断《しんだん》の結果《けっか》、認知症《にんちしょう》であることが判明《はんめい》したときは、運転《うんてん》免許《めんきょ》の取消《とりけ》し、停止《ていし》という行政処分《ぎょうせいしょぶん》の対象《たいしょう》となります。

運転免許証《うんてんめんきょしょう》の更新手続《こうしんてつづき》の際《さい》は、この書面《しょめん》を必《かなら》ず持参《じさん》してください。

年　　月　　日

公安委員会　㊞

36点未満の人の認知機能検査の結果通知書（見本）

総合点と、「認知症のおそれがある」こと、医師の診断を受ける必要があることなどが記載されている。

免許更新の期限内なら再受検も可能

認知機能検査の結果が36点未満の人には、「認知症のおそれがある」旨の結果通知書が届き、医師の診断を受ける必要があることを告げられる。また、再受検の案内と、自主返納と安全運転相談に関するお知らせも届く。

認知機能検査は、あくまで記憶力や判断力を確認するための簡易な検査にすぎない。受検時に「体調がよくなかった」「睡眠不足だった」「説明がよく聞こえなかった」人もいるだろう。結果に納得がいかなかった場合は、検査を受け直すことができる。受検費用はかかるが、免許証の更新期間満了日までであれば何度受けてもよく、再検査で36点以上を取れば免許証を更新できる。

自分の運転に不安を感じたり、指摘を受けたりしている人は、免許証の自主返納を検討するのも選択肢のひとつだ。自主返納すると、運転経歴証明書の交付と、交通機関の運賃割引などの支援が受けられる。運転を続けることに不安のある人や家族からの相談を受け付ける安全運転相談窓口（26-31ページ参照）もある。

「認知症《にんちしょう》のおそれがある」と判定《はんてい》された方《かた》へ

（認知機能検査《にんちきのうけんさ》の再受検《さいじゅけん》に関《かん》するお知《し》らせ）

○　**認知機能検査《にんちきのうけんさ》は、再度《さいど》受《う》けることができます。**

体調《たいちょう》が悪《わる》い時《とき》に受検《じゅけん》してしまった方《かた》や、補聴器《ほちょうき》をつけ忘《わす》れるなどして検査員《けんさいん》の説明《せつめい》がよく聞《き》こえないまま受検《じゅけん》してしまった方《かた》などで、再度検査《さいどけんさ》を受《う》けたいとお考《かんが》えの方《かた》は、認知機能検査《にんちきのうけんさ》を実施《じっし》している自動車教習所等《じどうしゃきょうしゅうしょとう》に直接申《ちょくせつもう》し込《こ》みをしてください。認知機能検査《にんちきのうけんさ》の実施場所《じっしばしょ》がわからないなど、再受検《さいじゅけん》について不明点《ふめいてん》がある方《かた》は、以下《いか》の「問合《といあわ》せ先《さき》」までお問《と》い合《あ》わせください。

○　**再検査《さいけんさ》の結果《けっか》「認知症《にんちしょう》のおそれがある」と判定《はんてい》されなかった場合《ばあい》は、医師《いし》の診断《しんだん》を受《う》けていただく必要《ひつよう》はなくなります。**

再検査《さいけんさ》を受《う》け、その結果《けっか》が、「認知症《にんちしょう》のおそれがある」基準《きじゅん》に該当《がいとう》しないという判定《はんてい》であれば、臨時適性検査《りんじてきせいけんさ》（専門医《せんもんい》による診断《しんだん》）を受《う》け、又《また》は医師《いし》の診断書《しんだんしょ》を提出《ていしゅつ》する必要《ひつよう》はなくなります。

問合せ先：　**○○○警察本部運転免許試験場○○係**

○○市○○町○丁目○番○号

電話　○○－○○○○－○○○○

認知機能検査の再受検に関するお知らせ（見本）

再度検査を受けたい人のための案内が記載されている。再検査で「認知症のおそれがある」と判定されなかった場合は、医師の診断を受けなくても免許証を更新できる。

「認知症《にんちしょう》のおそれがある」と判定《はんてい》された方《かた》へ

（自主返納《じしゅへんのう》と安全運転相談《あんぜんうんてんそうだん》に関《かん》するお知《し》らせ）

○　**運転免許証《うんてんめんきょしょう》は、自主返納《じしゅへんのう》することができます。**

運転免許証《うんてんめんきょしょう》の自主返納《じしゅへんのう》は、○○免許試験場《めんきょしけんじょう》、各警察署《かくけいさつしょ》で受《う》け付《つ》けています。

○　**運転免許証《うんてんめんきょしょう》の有効期間内《ゆうこうきかんない》に自主返納《じしゅへんのう》した方《かた》や運転免許証《うんてんめんきょしょう》の更新《こうしん》を受《う》けずに運転免許《うんてんめんきょ》が失効《しっこう》した方《かた》は、「運転経歴証明書《うんてんけいれきしょうめいしょ》」の交付《こうふ》を申《もう》し込《こ》むことができます。**（別途《べっと》、手数料《てすうりょう》○○○○円《えん》が必要《ひつよう》となります）

運転経歴証明書《うんてんけいれきしょうめいしょ》は、自主返納日前《じしゅへんのうびまえ》5年間又《ねんかんまた》は運転免許失効日前《うんてんめんきょしっこうびまえ》5年間《ねんかん》の運転経歴《うんてんけいれき》（免許《めんきょ》の種類等《しゅるいとう》）が表示《ひょうじ》された書面《しょめん》で、銀行等《ぎんこうとう》で本人確認書類《ほんにんかくにんしょるい》として使《つか》うことができます。

○　**自主返納《じしゅへんのう》した方《かた》や運転免許《うんてんめんきょ》の失効後《しっこうご》に運転経歴証明書《うんてんけいれきしょうめいしょ》の交付《こうふ》を受《う》けた方《かた》に対《たい》する交通機関《こうつうきかん》の運賃割引《うんちんわりびき》などの支援《しえん》があります。**

自主返納《じしゅへんのう》をした方《かた》や運転経歴証明書《うんてんけいれきしょうめいしょ》の交付《こうふ》を受《う》けた方《かた》は、公共交通機関《こうきょうこうつうきかん》の運賃割引《うんちんわりびき》など地方公共団体等《ちほうこうきょうだんたいとう》が行《おこな》っている支援《しえん》を受《う》けることができます。支援《しえん》の内容《ないよう》は、例《たと》えば一般社団法人全日本指定自動車教習所協会連合会《いっぱんしゃだんほうじんぜんにほんしていじどうしゃきょうしゅうしょきょうかいれんごうかい》のウェブサイト「高齢運転者支援《こうれいうんてんしゃしえん》サイト」で紹介《しょうかい》されています。

○　**運転免許《うんてんめんきょ》が取《と》り消《け》されたときなどには、自主返納《じしゅへんのう》や運転経歴証明書《うんてんけいれきしょうめいしょ》の発行《はっこう》はできません。**

医師《いし》の診断《しんだん》の結果《けっか》、認知症《にんちしょう》であることが判明《はんめい》し、運転免許《うんてんめんきょ》の取消《とりけ》し・停止《ていし》という行政処分《ぎょうせいしょぶん》の対象《たいしょう》となったときは、運転経歴証明書《うんてんけいれきしょうめいしょ》の発行《はっこう》ができなくなります。この機会《きかい》に、自主返納《じしゅへんのう》について、ご家族等《かぞくとう》とよく考《かんが》えてください。

○　**警察《けいさつ》では、運転《うんてん》に関《かん》する相談《そうだん》を受《う》け付《つ》けています。**

○○免許試験場《めんきょしけんじょう》では、安全運転相談窓口《あんぜんうんてんそうだんまどぐち》を設置《せっち》し、運転《うんてん》を続《つづ》けることに不安《ふあん》のある方《かた》やそのご家族等《かぞくとう》からの相談《そうだん》を受《う》け付《つ》けています。

記憶力《きおくりょく》、判断力《はんだんりょく》が低下《ていか》すると、信号無視《しんごうむし》や一時不停止《いちじふていし》の違反《いはん》をしたり進路変更《しんろへんこう》の合図《あいず》が遅《おく》れる傾向《けいこう》が見《み》られ、このようなことが原因《げんいん》で交通事故《こうつうじこ》を起《お》こしてしまうことも考《かんが》えられます。

この機会《きかい》に、ご家族《かぞく》の方等《かたとう》と相談《そうだん》し、自主返納《じしゅへんのう》について考《かんが》えてみてはいかがでしょうか。詳《くわ》しいことは、こちらまでお問《と》い合《あ》わせください。

問合せ先：○○○警察本部運転免許試験場○○係

○○市○○町○丁目○番○号　電話　○○○○－○○○○

自主返納と安全運転相談に関するお知らせ（見本）

免許証を有効期間内に自主返納した人や、免許証の更新を受けずに失効した人は「運転経歴証明書」の交付を申し込むことができ、交通機関の運賃割引などの支援があることなどが記載されている。また、運転を続けることに不安のある人や、その家族等からの相談を受け付ける安全運転相談窓口の記載もある。

医師の診断を求める通知

「認知症のおそれがある」場合の手続き

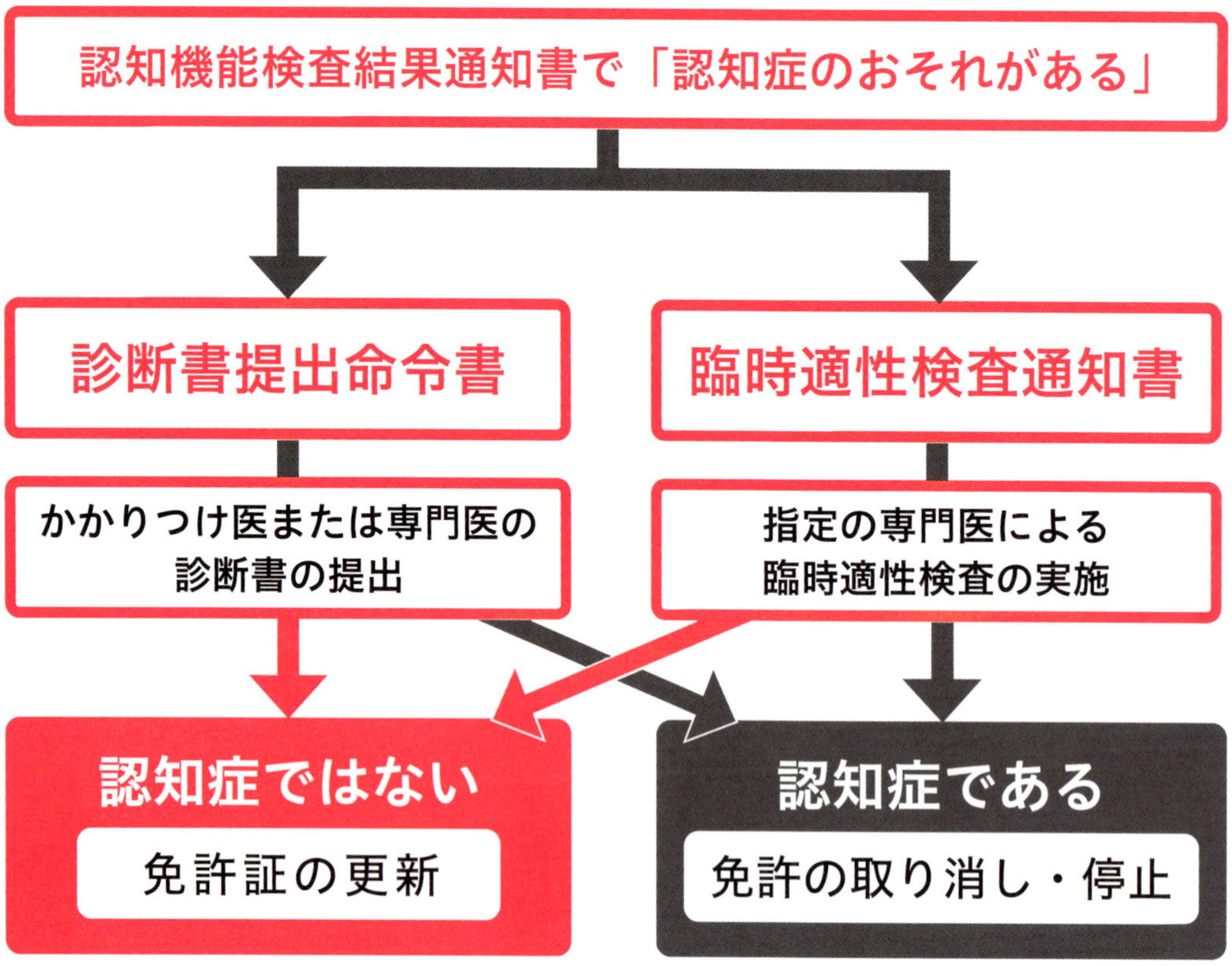

公安委員会からいずれかの通知が届く

「認知症のおそれがある」と判定された人には、後日、公安委員会から診断書提出命令書または臨時適性検査通知書が届く。どちらも医師の診断を求める内容で、期限までに従わないと免許の取り消し等の処分を受ける。

診断書提出命令書が届いた場合は、かかりつけ医（主治医）か認知症の専門医の診察を自分で申し込み、診断書を作成してもらう。医師からの診断書が基準（36-37ページ参照）を満たしていないと、提出しても再び医師の診断を求められるので注意しよう。

臨時適性検査通知書が届いた場合は、指定された期日に指定された専門医による検査を受ける。

診断書提出命令書と臨時適性検査通知書のどちらが届くかは本人は選べない。

認知症と診断されれば運転は諦める

診断書提出命令書と臨時適性検査通知書のどちらの場合も、診断結果が認知症でなければ、免許証を更新できる。認知症であれば、免許の取り消し・停止の対象となる。

診断書提出命令書（見本）

「認知症のおそれがある」ため、専門医またはかかりつけ医が作成した診断書を提出すること、診断書を提出しない場合は4項目のうちいずれかの処分を受けることが記載されている。
多くの人にはこちらの書類が届く。

記載例

診断書提出命令書《しんだんしょていしゅつめいれいしょ》

年　月　日

住所

殿

公安委員会　印

あなたは、認知機能検査等《にんちきのうけんさとう》の結果《けっか》、「認知症《にんちしょう》のおそれがある」との判定《はんてい》を受《う》け、認知症《にんちしょう》のおそれ（疑《うたが》い）があることから、道路交通法第《どうろこうつうほうだい》102条第《じょうだい》　項《こう》の規定《きてい》により、下記《かき》のとおり、道路交通法施行規則第《どうろこうつうほうしこうきそくだい》29条《じょう》の3第《だい》3項《こう》に規定《きてい》する要件《ようけん》を満《み》たす医師《いし》の診断書《しんだんしょ》（認知症《にんちしょう》の専門医《せんもんい》又《また》は主治医《しゅじい》（かかりつけ医《い》）が作成《さくせい》した診断書《しんだんしょ》であって、診断《しんだん》に係《かか》る検査《けんさ》の結果《けっか》及《およ》び認知症《にんちしょう》に該当《がいとう》しないと認《みと》められるかどうかに関《かん》する当該医師《とうがいいし》の意見《いけん》が記載《きさい》されているもの）を提出《ていしゅつ》していただくようお願《ねが》いします。

なお、やむを得《え》ない理由《りゆう》なく診断書《しんだんしょ》を提出《ていしゅつ》しない場合《ばあい》は、

運転免許《うんてんめんきょ》
~~が拒否《きょひ》される~~
~~が保留《ほりゅう》される~~
~~が取《と》り消《け》される~~
の効力《こうりょく》が停止《ていし》される
こととなりますので、御注意《ごちゅうい》ください。

また、提出《ていしゅつ》された診断書《しんだんしょ》が上記《じょうき》の要件《ようけん》（認知症《にんちしょう》の専門医《せんもんい》又《また》は主治医《しゅじい》（かかりつけ医《い》）が作成《さくせい》した診断書《しんだんしょ》であって、診断《しんだん》に係《かか》る検査《けんさ》の結果《けっか》及《およ》び認知症《にんちしょう》に該当《がいとう》しないと認《みと》められるかどうかに関《かん》する当該医師《とうがいいし》の意見《いけん》が記載《きさい》されているもの）を満《み》たさない場合《ばあい》、上記《じょうき》の運転免許《うんてんめんきょ》の行政処分《ぎょうせいしょぶん》を行《おこな》うか、改《あらた》めて臨時適性検査《りんじてきせいけんさ》又《また》は診断書提出命令《しんだんしょていしゅつめいれい》を行《おこな》うこととなりますので、御注意《ごちゅうい》ください。

診断書《しんだんしょ》の提出《ていしゅつ》を命《めい》ずる理由《りゆう》となった認知機能検査等《にんちきのうけんさとう》の結果《けっか》	
診断書《しんだんしょ》の提出期限《ていしゅつきげん》	
診断書《しんだんしょ》の提出先《ていしゅつさき》	
備《び》　考《こう》	

※　この通知《つうち》について、不明《ふめい》な点《てん》がある場合《ばあい》には、○○県警察本部運転免許試験場《けんけいさつほんぶうんてんめんきょしけんじょう》○○係《かかり》までお問《と》い合《あ》わせください。

○○県警察本部運転免許試験場○○係
住所　○○市○○町○丁目○番○号
電話　（○○○）○○○－○○○○（内線○○○○）

臨時適性検査通知書《りんじてきせいけんさつうちしょ》

年　月　日

住所

殿

公安委員会　印

あなたは、認知機能検査等《にんちきのうけんさとう》の結果《けっか》、「認知症《にんちしょう》のおそれがある」との判定《はんてい》を受《う》けたことから、道路交通法第《どうろこうつうほうだい》102条第《じょうだい》　項《こう》の規定《きてい》による臨時適性検査《りんじてきせいけんさ》（認知症《にんちしょう》の専門医《せんもんい》による診断《しんだん》）を受《う》けていただくことになりましたので、通知《つうち》します。

この通知《つうち》を受《う》け、やむを得《え》ない理由《りゆう》なく臨時適性検査《りんじてきせいけんさ》を受《う》けない場合《ばあい》は、

運転免許《うんてんめんきょ》の
~~拒否《きょひ》~~
~~保留《ほりゅう》~~
~~取《とり》消《け》し~~
効力《こうりょく》の停止《ていし》
の処分《しょぶん》を受《う》けることとなりますので、御注意《ごちゅうい》ください。

適性検査《てきせいけんさ》を行《おこな》う理由《りゆう》となった認知機能検査等《にんちきのうけんさとう》の結果《けっか》	
適性検査《てきせいけんさ》の期日《きじつ》	
適性検査《てきせいけんさ》の場所《ばしょ》	
備《び》　考《こう》	

※　この通知《つうち》について、不明《ふめい》な点《てん》がある場合《ばあい》には、○○県警察本部運転免許試験場《けんけいさつほんぶうんてんめんきょしけんじょう》○○係《かかり》までお問《と》い合《あ》わせください。

○○県警察本部運転免許試験場○○係
住所　○○市○○町○丁目○番○号
電話　（○○○）○○○－○○○○（内線○○○○）

臨時適性検査通知書（見本）

「認知症のおそれがある」ため、専門医による診断を受ける必要があること、検査を受けない場合は4項目のうちいずれかの処分を受けることなどが記載されている。
また、臨時適性検査の期日と場所が指定されている。

※臨時適性検査とは、運転免許をこれから取得する人、すでに持っている人が、一定の病気等を疑う理由がある時に、公安委員会が認める専門医の診断により行われる検査。検査内容は病気により異なる（警視庁ホームページより）

運転の悩みは、安全運転相談窓口へ

都道府県警察では、免許更新に限らず、加齢に伴う身体機能の低下等のために安全運転に不安のある人を対象とした相談窓口を設けている。看護師等の医療系専門職員をはじめとする専門知識の豊富な職員が、高齢ドライバーやその家族などの相談に対応する。以下に、各地の安全運転相談窓口の電話番号と所在地をまとめた。

※情報は 2024 年 4 月現在のもの

	安全運転相談窓口	電話番号	所在地
札幌	札幌運転免許試験場安全運転相談係	011-699-8654 0570-080-456	札幌市手稲区曙5条4-1-1
函館	函館方面本部函館運転免許試験場適性係	0138-46-2007 (内線312、315、316)	函館市石川町149-23
旭川	旭川方面本部旭川運転免許試験場適性係	0166-51-2489 (内線323、324)	旭川市近文町17-2699-5
釧路	釧路方面本部釧路運転免許試験場適性係	0154-57-5913 (内線315、316)	釧路市大楽毛北1-15-8
	帯広運転免許試験場適性係	0155-33-2470 (内線315、316)	帯広市西19条北2-1
北見	北見方面本部北見運転免許試験場適性係	0157-36-7700 (内線381、382)	北見市大正141-1
青森	運転免許課試験教習所係(試験関係)	017-782-0081 (内線331～336)	青森市大字三内字丸山198-4
	運転免許課免許係(更新関係)	(内線251～256)	
	運転免許課運転免許管理係(行政処分病気)	(内線242、243)	
	運転免許課高齢運転者等支援係(その他)	(内線282～288)	
	八戸試験場	0178-24-4415	八戸市城下1-16-25
	弘前試験場	0172-31-0737 (内線440、441、443)	弘前市大字大久保字西田38-2
	むつ試験場	0175-22-1321 (内線430、436～438)	むつ市中央1-19-1
岩手	運転免許課適性検査係 盛岡運転免許センター安全運転相談係	019-606-1251 (内線270～274) (内線251、252)	盛岡市盛岡駅西通1-7-1 いわて県民情報交流センター1F
	自動車運転免許試験場免許・試験係	019-683-1251 (内線312、313)	盛岡市下田字仲平183
	県南運転免許センター免許・試験係	0197-44-3511 (直通)	胆沢郡金ケ崎町西根北荒巻100-2
	沿岸運転免許センター免許・試験係	0193-23-1515 (直通)	釜石市中妻町3丁目3-1
	県北運転免許センター免許・試験係	0194-52-0613 (直通)	久慈市門前3-1
宮城	宮城県運転免許センター運転適性相談係	022-373-3601 (自動案内4又は内線461～463)	仙台市泉区市名坂字高倉65
	石巻運転免許センター試験係	0225-83-6211 (直通)	東松島市赤井字南一134
	古川運転免許センター試験係	0229-22-8011 (直通)	大崎市古川大宮3-4-30
	仙南運転免許センター試験係	0224-53-0111 (直通)	柴田郡大河原町字南平3-1

	安全運転相談窓口	電話番号	所在地
秋 田	秋田県運転免許センター行政処分係 安全運転相談担当	018-824-0660 （直通）	秋田市新屋寿町5-1
山 形	運転免許課試験係（試験関係）	023-655-2150 （内線291）	天童市大字高擶1300
	運転免許課免許係（更新関係）	（内線232）	
	運転免許課安全運転相談係（その他）	（内線273）	
福 島	福島運転免許センター 運転免許課学科試験第一係 運転免許課免許第二係 運転免許課高齢運転者支援第一係	024-591-4372 （直通）	福島市町庭坂字大原1-1
	郡山運転免許センター 運転免許課学科試験第三係 運転免許課免許第四係 運転免許課高齢運転者支援第四係	024-961-2100 （直通）	郡山市大槻町字美女池上14-6
警視庁	府中運転免許試験場学科試験課	042-365-5656 （直通）	府中市多磨町3-1-1
	鮫洲運転免許試験場試験課	03-3474-1374 （内線5433）	品川区東大井1-12-5
	江東運転免許試験場学科試験課	03-3699-1151 （内線5433）	江東区新砂1-7-24
	運転免許本部高齢者対策課 （免許保有者のみ）	03-6717-3137 （内線5286、5287）	品川区東大井1-12-5
茨 城	運転免許センター運転適性係	029-240-8127 （直通） 029-293-8811 （内線334、335、337）	東茨城郡茨城町長岡3783-3
栃 木	運転免許管理課安全運転相談係	0289-76-0110 音声ガイダンスに従い 2番を押してください。	鹿沼市下石川681
群 馬	運転免許課適性検査係	027-252-5329 （直通）	前橋市元総社町80-4
埼 玉	運転免許センター運転免許試験課 適性検査係	048-543-2001 音声ガイダンス4番 048-543-7727 （直通）	鴻巣市鴻巣405-4
千 葉	運転免許本部運転教育課安全運転相談係	043-274-2000 音声ガイダンスに従い 「2番→5番→3番→5番」	千葉市美浜区浜田2-1
	運転免許本部流山運転免許センター 安全運転相談係	04-7147-2000 音声ガイダンスに 従い「1番→68番」	流山市前ヶ崎217
神奈川	運転免許本部運転教育課適性審査係	045-365-3111 音声ガイダンスに従い 操作してください。	横浜市旭区中尾1-1-1
新 潟	運転免許センター適性係	025-256-2525 （直通）	北蒲原郡聖籠町東港7丁目1-1
	運転免許センター高齢運転者支援係	025-256-1212 （内線362、363）	
	運転免許センター長岡支所	0258-22-1050 （内線221、223）	長岡市上前島1丁目7-1
	運転免許センター上越支所	025-543-3100 （内線602、603）	上越市西本町1丁目1-10 プレッソ直江津1、2階

	安全運転相談窓口	電話番号	所在地
新潟	運転免許センター佐渡支所	0259-55-0067 （直通）	佐渡市吉岡389-1
	運転免許センター古町出張所	025-229-0625 （直通）	新潟市中央区西堀通6番町866 NEXT21、3階
山梨	運転免許課試験第一係（試験関係）	055-285-0533 （内線582、583）	南アルプス市下高砂825
	運転免許課免許第二係（更新関係）	（内線562）	
	運転免許課高齢運転者支援係（高齢者関係）	（内線546）	
	運転免許課適性検査所係（その他）	（内線548）	
	運転免許課都留分室試験係（試験関係）	0554-43-4101 （内線513）	都留市下谷3-2-2
	運転免許課都留分室免許係（更新関係）	（内線514）	
長野	東北信運転免許課安全運転相談係	026-292-2345 （内線370、372～378）	長野市川中島町原704-2
静岡	高齢運転者支援ホットライン	054-250-2525 （直通）	静岡市葵区与一6-16-1
	運転免許課中部運転免許センター 適性審査係・試験係	054-272-2221 （内線292、223）	
	運転免許課東部運転免許センター 適性審査係・試験係	055-921-2000 （内線292、223）	沼津市足高字尾上241-10
	運転免許課西部運転免許センター 適性審査係・試験係	053-587-2000 （内線292、223）	浜松市浜北区小松3220
富山	運転免許センター適性相談係	076-451-2140 （直通）	富山市高島62番地1
	高岡運転免許更新センター		高岡市駅南4丁目1-22
石川	運転免許課適性検査係	076-238-5901 （内線373～376、378） 076-238-5428 （直通）	金沢市東蚊爪町2-1
福井	福井県運転者教育センター（春江） 試験係	0776-51-2820 （内線351～354）	坂井市春江町針原58-10
	福井県運転者教育センター（春江） 講習指導係	（内線341～344）	
	高齢ドライバー相談ダイヤル	0776-51-2221 （直通）	
	福井県奥越運転者教育センター	0779-66-7700 （直通）	大野市南新在家32-1-4
	福井県丹南運転者教育センター	0778-21-3613 （直通）	越前市余田町2-1-1
	福井県嶺南運転者教育センター	0770-45-2121 （直通）	三方上中郡若狭町倉見1-51
岐阜	運転免許課運転適性指導係	058-295-5200 （直通）	岐阜市学園町3丁目42番地 ぎふ清流文化プラザ6階
	運転免許課運転免許試験場適性検査係 （身体関係）	058-237-3331 （内線322）	岐阜市三田洞東1丁目22番8号
	運転免許課岐阜運転者講習センター	058-295-1010 （内線262、263）	岐阜市学園町3丁目42番地 ぎふ清流文化プラザ2階
	運転免許課西濃運転者講習センター	0584-91-6301 （直通）	大垣市綾野1丁目2700番地2
	運転免許課中濃運転者講習センター	0575-23-1484 （直通）	関市稲口423番地1

	安全運転相談窓口	電話番号	所在地
岐阜	運転免許課多治見運転者講習センター	0572-23-3437 (直通)	多治見市美坂町4丁目6番地
	運転免許課東濃運転者講習センター	0573-68-8032 (直通)	中津川市茄子川1127番地の1
	運転免許課飛騨運転者講習センター	0577-33-3430 (直通)	高山市大新町5丁目68番地1
愛知	運転免許試験場安全運転相談係	052-801-3211 (内線365、371)	名古屋市天白区平針南3-605
	東三河運転免許センター技能試験係	0533-85-7181 (内線553)	豊川市金屋西町2-7
三重	運転免許センター運転免許管理課 適性相談係	059-229-1212 音声ガイダンスに 従い「1番→1番」	津市垂水2566
滋賀	運転免許課高齢運転者等支援係 (臨時適性検査関係)	077-585-1255 (内線226、227、258)	守山市木浜町2294
	運転免許課試験係(試験関係)	(内線211、212)	
	運転免許課米原分室(臨時適性検査関係)	0749-52-5070 (内線530、531)	米原市入江301
京都	運転免許試験課臨時適性検査係	075-631-5181 (内線412～414)	京都市伏見区羽束師古川町647
大阪	門真運転免許試験場適性試験係	06-6908-9121 (内線384)	門真市一番町23-16
	光明池運転免許試験場適性試験係	0725-56-1881 (内線384)	和泉市伏屋町5-13-1
兵庫	運転免許課高齢運転者等支援室相談係	078-912-1628 (内線322、323、324、 325、327、328)	明石市荷山町1649-2
	運転免許試験場学科適性試験係	(内線377)	
	運転免許課阪神運転免許更新センター	072-783-0110 (直通)	伊丹市伊丹1丁目14-21
	運転免許課神戸優良・高齢運転者 運転免許更新センター	078-351-7201 (直通)	神戸市中央区下山手通5丁目 6-21 警察本部別館6F
	運転免許課明石運転免許更新センター	078-912-7061 (直通)	明石市荷山町1649-2
	運転免許課姫路優良・高齢運転者 運転免許更新センター	079-222-0550 (直通)	姫路市市之郷926番地5 姫路警察署6F
	運転免許課但馬運転免許センター	079-662-1117 (直通)	養父市八鹿町朝倉下台48-5
奈良	運転免許課試験係(試験関係)	0744-25-5224 (直通)	橿原市葛本町120-3
	運転免許課安全運転相談係 (更新・高齢者関係)	0744-22-5542 (直通)	
和歌山	運転免許課高齢運転者等支援室 高齢運転者等支援係	073-473-0110 (内線322、325、328)	和歌山市西1　交通センター
	運転免許課試験係	(内線366)	
鳥取	運転免許課免許係(東部運転免許センター)	0857-36-1122 (内線360)	鳥取市吉方温泉2-501-1
	鳥取県自動車運転免許試験場免許・試験係	0858-35-6110 (内線310)	東伯郡湯梨浜町上浅津216
	運転免許課免許係(西部運転免許センター)	0859-22-4607 (内線210)	米子市上福原1272-2

	安全運転相談窓口	電話番号	所在地
島根	運転免許課安全運転相談係	0852-36-7400 （内線321、322）	松江市打出町250-1
	運転免許課西部運転免許センター免許係	0855-23-7900 （内線231、232）	浜田市竹迫町2385-3
岡山	運転免許課試験第二係 運転免許課適性指導係	086-724-2200 音声ガイダンスに従い2番を押してください。	岡山市北区御津中山444-3
広島	広島県運転免許センター 運転免許課安全運転相談係	082-228-0110 （内線703-232、233）	広島市佐伯区石内南3丁目1番1号
	東部運転免許センター 運転免許課東部免許第一係（更新関係）	082-228-0110 （内線704-222）	福山市瀬戸町大字山北54-2
	運転免許課東部免許第三係（試験関係）	（内線704-272）	
山口	運転免許課安全運転相談係	083-973-2900 （内線256、257、258） 083-973-2910 （直通）	山口市小郡下郷3560-2
徳島	運転免許課運転適性検査係	088-699-0110 （内線242、243） 088-699-0117 （直通）	板野郡松茂町満穂字満穂開拓1番地1
香川	運転免許課試験係（身体の条件付け等）	087-881-0645 （直通）	高松市郷東町587-138
	運転免許課適性相談係（一定の病気）		
	高齢者専用ダイヤル	087-881-6110 （直通）	
愛媛	運転免許課安全運転支援係	089-934-0110 （内線727-332～335）	松山市勝岡町1163-7
高知	運転免許センター安全運転支援室	088-893-1221 （内線371、372、375～377、337）	吾川郡いの町枝川200番地
福岡	運転免許試験課福岡自動車運転免許試験場 （試験関係・更新関係）	092-565-5010 （内線311、301）	福岡市南区花畑4-7-1
	運転免許試験課北九州自動車運転免許試験場 （試験関係・更新関係）	093-961-4804 （内線311、301）	北九州市小倉南区日の出町2-4-1
	運転免許試験課筑豊自動車運転免許試験場 （試験関係・更新関係）	0948-26-7110 （内線311、301）	飯塚市鶴三緒1518-1
	運転免許試験課筑後自動車運転免許試験場 （試験関係・更新関係）	0942-53-5208 （内線311、301）	筑後市大字久富1135-2
	運転免許試験課安全運転相談係 （臨時適性検査関係）	092-641-4141 （内線706-601～603）	福岡市南区花畑4-7-1
佐賀	運転免許センター免許係	0952-98-2220 （内線221、226）	佐賀市久保泉町大字川久保2121-26
長崎	運転免許管理課安全運転相談係	0957-53-2128 音声ガイダンスに従い5番を押してください。	大村市古賀島町533-5
熊本	運転免許課安全運転相談係	096-233-2229 （直通） 096-233-0110 音声ガイダンスに従い1番を押してください。	菊池郡菊陽町辛川2655

	安全運転相談窓口	電話番号	所在地
大分	運転免許課安全運転相談係	097-528-3000 音声ガイダンスに従い4番を押してください。	大分市大字松岡6687
	運転免許課高齢運転者支援係	097-528-3000 音声ガイダンスに従い5番→1番を押してください。	
宮崎	宮崎県総合自動車運転免許センター 安全運転相談係	0985-24-9999 （直通） 音声ガイダンスに従い2番を押してください。	宮崎市阿波岐原町4276-5
	宮崎県総合自動車運転免許センター 安全運転相談係（運転適性検査）	0985-24-9999 （直通） 音声ガイダンスに従い2番を押してください。	
	運転免許課都城運転免許センター	0986-25-9999 （直通）	北諸県郡三股町大字宮村字植木2944-3
	運転免許課延岡運転免許センター	0982-33-9999 （直通）	延岡市大貫町1-2834
鹿児島	免許試験課学科・技能試験係（試験関係）	0995-65-2295 （内線220、230）	姶良市東餅田3934
	免許管理課免許適性係（更新関係）	099-266-0111 （内線241、242）	鹿児島市南栄5-1-2 交通安全教育センター内
沖縄	運転免許試験課安全運転相談係	098-851-1000 （内線536、537）	豊見城市字豊崎3-22
	運転免許センター中部支所	098-933-0442 （直通）	沖縄市南桃原4-27-22
	運転免許センター北部支所	0980-53-1301 （直通）	名護市東江5-20-5
	運転免許センター宮古支所	0980-72-9990 （直通）	宮古島市平良字下里3107-4
	運転免許センター八重山支所	0980-82-9542 （直通）	石垣市字平得343-2

#8080（シャープハレバレ）に電話してもOK

安全運転相談窓口に電話で相談したい場合は「#8080」にかけてもよい。上記リストの番号にかけなくても、発信場所を管轄する都道府県警察の安全運転相談窓口につながるようになっている。「周りが見えづらくなった」「身体の動きが鈍くなった」「もの忘れが増えた」など運転に不安を感じることがある人は、まずは相談を。

※つながらない時は上記の安全運転相談窓口に直接電話を
※受付時間は窓口により異なる　※通話料は利用者負担

TOPICS

診断書を活かして免許更新！

認知機能検査の免除を受けるには

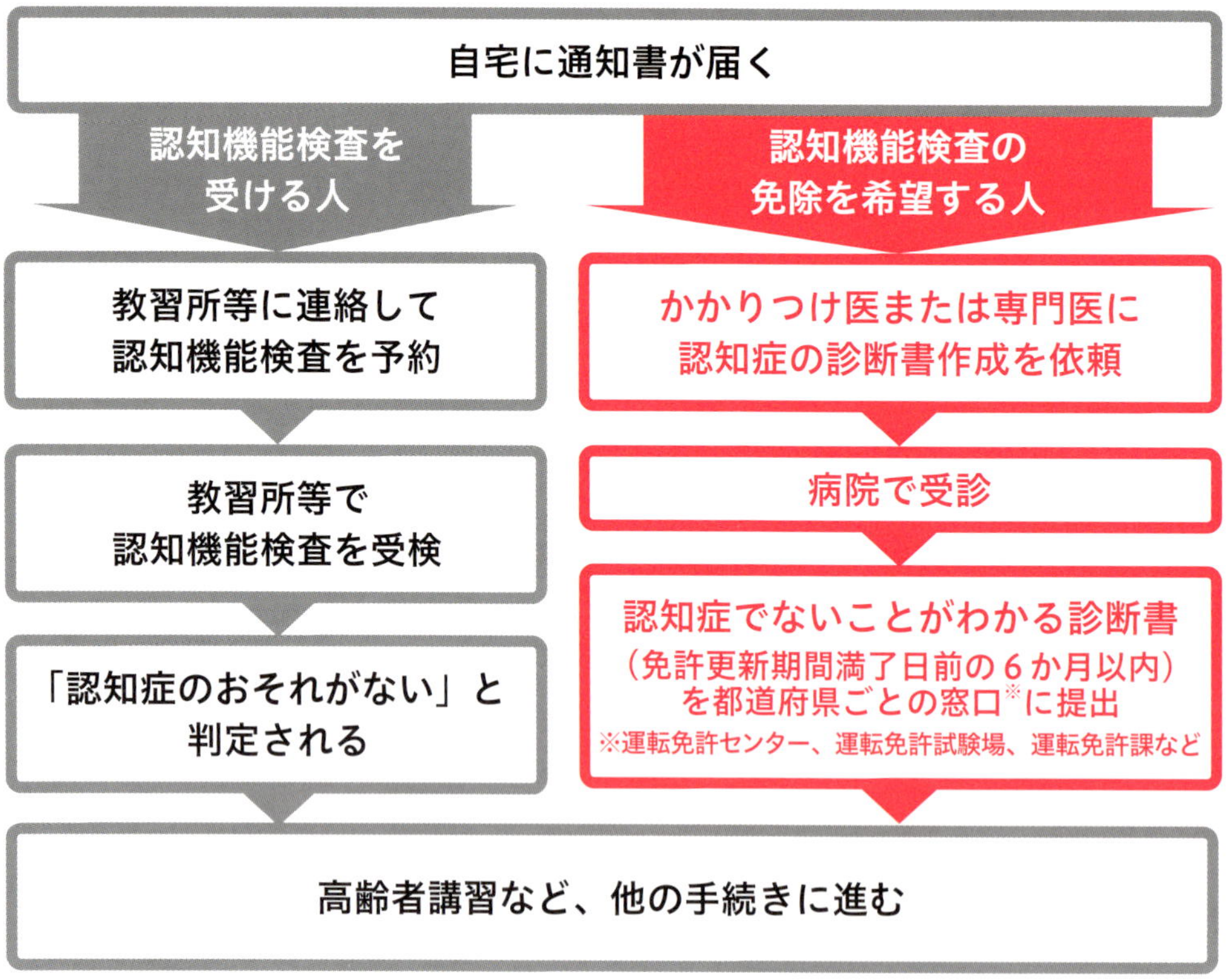

認知機能検査の受検が免除になる制度もある

免許更新時に受検が義務付けられている認知機能検査を受けずに、免許証を更新することもできる。

免許更新期間満了日前の6か月以内に自分で病院へ行って認知症であるか否かの診察を受け、その診断書を都道府県ごとの窓口に提出する。診断書が基準を満たし、認知症でないことが記されていれば免除の対象となる。高齢者の免許更新に関するホームページで診断書の基準を掲載している都道府県警察もある。

病院における認知症の診察は、免許更新時の認知機能検査よりも多くの時間と費用がかかるが、認知症の有無だけでなく、認知機能の低下の程度もわかる。

仮に認知症と診断されれば運転はできなくなるが、早期に気づくことで、すぐに治療を始められ、症状の進行予防が期待できる（70-71ページ参照）。また、認知症ではないが認知機能の低下があるMCI（軽度認知障害）の診断であれば、認知機能の維持・回復を目指す取り組み（66-69ページ参照）を始めるきっかけになる。

認知機能検査等の受検義務の免除を受けるための診断書その他の書類の基準等

1 診断書その他の書類の基準

対象者が認知症に該当する疑いがないと認められるかどうかに関する医師の意見及び当該意見に係る検査の結果が記載された診断書その他の書類で、次の基準を満たしているもの（その他の書類とは、例えば、一部の自治体が医療機関と連携し、高齢者に対して独自に行っている認知機能検診の結果が記載された書面が考えられる）とする。

（1）対象者に関する事項

検査及び医師による結果の判定を受けた者の住所、氏名及び生年月日が記載されていること。

（2）検査に関する事項

ア 以下のいずれかの認知症に関する神経心理学的検査が行われていること。

（ア）HDS-R（イ）MoCA（ウ）DASC-21（エ）MMSE（オ）ABC-DS

（カ）認知機能検査と同等以上と認められる検査で、警察庁が別に示すもの

イ 上記アの検査結果が記載されていること。

（3）医師による検査の結果の判定に関する事項

ア「認知機能に異常は認められない」、「明らかな認知機能の低下は認められない」等、上記（1）の対象者が認知症に該当する疑いがないと認められるかどうかに関する判定結果が記載されていること。

イ 上記アの判定を行った医師の氏名及び当該医師が所属する医療機関の名称が記載されていること。

ウ 上記アの判定が行われた年月日が記載されていること。

（4）その他

上記（2）が記載されていない書類であっても、上記（1）及び（3）が記載されており、かつ、自治体等が発行している他の書面等により、上記（3）の判定に当たって上記（2）のいずれかの検査が行われていることが明らかである場合は、「診断書その他の書類」として取り扱うことができるものとする。

2 運用上の留意事項

自治体等が実施する認知機能検診等の結果を認知機能検査等の受検義務の免除を受けるための診断書その他の書類として使用する場合は、あらかじめ、自治体等の検査実施機関及び都道府県医師会等関係団体と協議し、その同意を得ておくこと。

出典：警察庁「認知機能検査等の受検義務の免除に関する診断書その他の書類の基準等について（通達）」令和4年5月19日

寄稿

認知機能検査に２つの途《みち》

NPO法人 高齢者安全運転支援研究会 理事長　**岩越和紀**

高齢者にとって自分の脳を測られる認知機能検査、いやに決まっている。朝食後の薬は飲んだのか？車のカギはどこだ？財布や免許証を忘れて出かけてしまうことも度々、身に覚えがたくさんあるからだ。

でも75歳以上になると、認知機能検査を受けなければ運転免許証の更新はできない。

通常は、教習所や運転免許試験場などでこの検査を受けるが、先に病院に行き、本格的な認知機能検査（神経心理学的検査）を受け、問題なしの診断をもらえば、更新時の認知機能検査を受けずにパスできる方法もあると知った。

病院での検査は、かかりつけ医や専門医が診断書を書くために行うのだが、教習所等の検査よりもさらに詳細に認知機能を測られることになり、免許の問題だけではなく、今後の生活における自分の脳の健康具合を知るキッカケにもなる。

教習所等で、同輩と一緒にまるで小学生に戻ったように検査を受けるより、最初から医師の診断を受けた方が納得感があるとの声も。あるいは、教習所等での職員の雰囲気がニガ手、半年も先の予約を取るのが面倒、持病の治療で通っている病院との日時調整が難しい、雪国在住のため積雪で動けなくなる前に早めに済ませたい、などのさまざまな声もあがる。

免許更新を考えている75歳以上の高齢者は、いやでも自分の認知機能検査と向き合わなくてはならないのだが、どちらの途を選ぶのか、悩ましくもありだ。

岩越和紀（いわこしかずのり）
１９４７年生まれ。『ＪＡＦ Ｍａｔｅ』編集長、社長を経て２０１４年より現職。ドライバーの高齢化に伴う問題、認知機能と運転に関する調査、研究を進め、現在もフィールドワークを続ける。『ＪＡＦ Ｍａｔｅ』に「高齢ドライバーのヒヤリハット」を連載中。

医師の診断書をもらうにはどうすればよい？

免許更新時の認知機能検査の免除を受けたい人、あるいは認知機能検査で「認知症のおそれがある」と判定された人は、医師に診断書の作成を依頼する必要がある。
このパートでは、診断書とはどのようなものか、診断書作成のためにどのような検査をするのか、Q＆A方式で紹介する。

監修（P36–56）
鳥取大学医学部認知症予防学講座 教授
日本認知症予防学会 代表理事 浦上克哉

Q 診断書ってどんなもの？

A 病名や症状を記載した書類で、公的な証明として扱われる。

警察庁公表のモデル診断書様式

診　断　書（都道府県公安委員会提出用）

1．氏名

男・女

生年月日

M・T・S・H　　年　月　日（　　歳）

住所

氏名・生年月日・住所など

2．診断

① アルツハイマー型認知症
② レビー小体型認知症
③ 血管性認知症
④ 前頭側頭型認知症
⑤ その他の認知症（　　　　）
⑥ 認知症ではないが認知機能の低下がみられ、今後認知症となるおそれがある（軽度の認知機能の低下が認められる・境界状態にある・認知症の疑いがある等）
⑦ 認知症ではない

所見（現病歴、現在症、重症度、現在の精神状態と関連する既往症・合併症、身体所見などについて記載する。記憶障害、見当識障害、注意障害、失語、失行、失認、実行機能障害、視空間認知の障害等の認知機能障害や、人格・感情の障害等の具体的状態について記載する。）

以下のいずれかの診断
①～⑤　認知症（①アルツハイマー型、②レビー小体型、③血管性、④前頭側頭型、⑤その他）
⑥　認知症ではないが、認知機能の低下がみられ、今後認知症となるおそれがある
⑦　認知症ではない

所見として、
●発症時期、受診時の状態
●病歴、既往症や合併症
●症状の具体的な内容と程度
など

作成には費用と時間がかかるので注意

診断書とは病名や症状を記載した書類で、受診者を診察した医師が、受診者の依頼を受けて作成する。検査費とは別に費用がかかり、医療保険は適用されない。即日発行はできないことがある。

様式は一律ではなく、診断書の用途によって必要な記載内容が異なる。予約時に「免許更新のため」と目的を伝え、必要な費用や日数を確認しておくとよい。

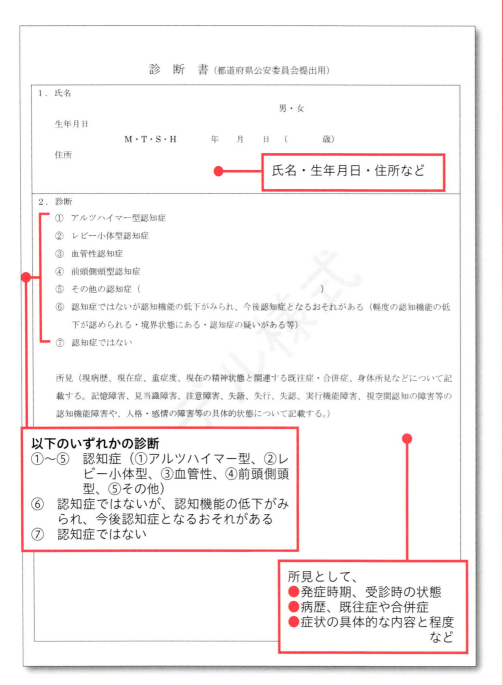

3．身体・精神の状態に関する検査結果（実施した検査にチェックして結果を記載）

□ 認知機能検査・神経心理学的検査

□ MMSE　□ HDS-R　□ その他（実施検査名　　　）

□ 未実施（未実施の場合チェックし、理由を記載）

□ 検査不能（検査不能の場合チェックし、理由を記載）

□ 臨床検査（画像検査を含む）

□ 未実施（未実施の場合チェックし、理由を記載）

□ 検査不能（検査不能の場合チェックし、理由を記載）

□ その他の検査

神経心理学的検査（認知機能検査）の結果（必須）

臨床検査（画像検査、血液検査、髄液検査など）の結果

4．現時点での病状（改善見込み等についての意見）

＊前頁２⑤に該当する場合（甲状腺機能低下症、脳腫瘍、慢性硬膜下血腫、正常圧水頭症、頭部外傷後遺症等）のみ記載

(1) 認知症について６月以内[または６月より短期間（　　ヶ月間）]に回復する見込みがある。

(2) 認知症について６月以内に回復する見込みがない。

(3) 認知症について回復の見込みがない。

診断が「⑤その他の認知症」の場合、6か月以内（またはそれより短期間）に回復する見込みの有無

5．その他参考事項

以上のとおり診断します。　年　月　日

病院または診療所の名称・所在地

担当診療科名

病院名と所在地、診療科名、担当医の氏名

担当医氏名

＊A4版表裏印刷で使用。A4版２枚の場合は要割印。A3版１枚印刷も可

出典：警察庁「日本医師会作成資料『かかりつけ医向け 認知症高齢者の運転免許更新に関する診断書作成の手引き』の送付について（通知）」令和４年５月18日

モデル診断書様式の記載内容を参考に

警察庁では、認知機能検査で診断書提出命令書を受けた人（24-25ページ参照）に対応するかかりつけ医のために、日本医師会作成のモデル診断書様式を公表している（上記参照）。

必ずしもこの様式を使用する必要はないが、上記の内容を満たす診断書を作成できるか、医師には事前に確認しておこう。担当医が認知症に詳しくない場合もあるからだ。

認知機能検査の免除を受けるための診断書の場合は、上記の神経心理学的検査を受けることが基準になっている（33ページ参照）。

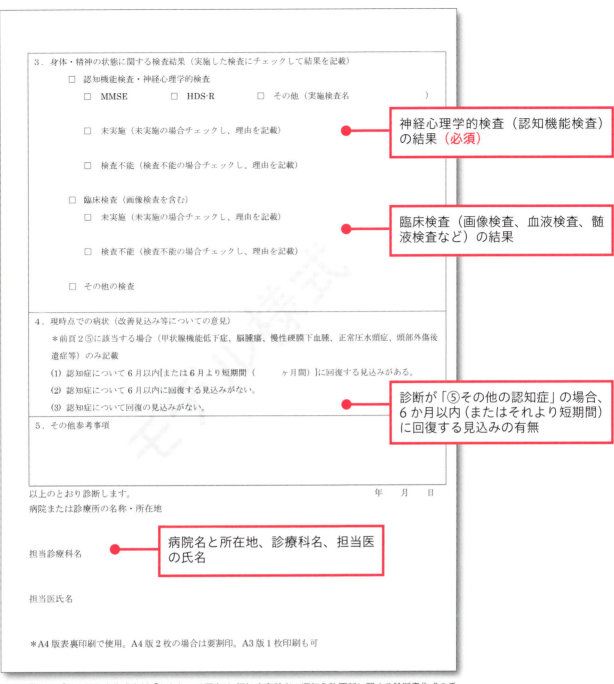

Q

A

どのような検査をする？

問診や神経心理学的検査の他、さまざまな方法で脳の状態を確認する。

まずは認知症の疑いがあるかないかを確認

診察ではまず、問診や神経心理学的検査を通して、記憶力や判断力などの認知機能がどれほど低下しているか、低下しているならいつからか、日常生活への影響はあるかなどをチェックし、認知症の疑いがあるか否かを調べる。

　認知症が疑われても、一時的な症状や他の病気であることも少なくないため、血液検査などで認知症以外の病気の可能性も調べる。

認知症の主な検査方法

1回で全ての検査を実施するわけではなく、どの検査を、どれくらい詳しく検査するかは、病院の設備や医師の判断によって異なる。
※検査の呼び方は病院によって異なる場合がある。

基本的な検査	問診	▶P40-41
	神経心理学的検査（認知機能検査）「MMSE」「HDS-R」など	▶P42-43
	血液検査	▶P44-45
	CT または MRI（画像検査）	▶P46-47
必要に応じて行う検査	SPECT/PET（画像検査）	▶P46-47
	MIBG 心筋シンチグラフィ（画像検査）	▶P47
	髄液検査	▶P48
	脳波検査	▶P49
	超音波検査	▶P49

診断書を読み解く基礎知識 ❶

認知症のタイプと脳の構造

認知症であった場合、診断書にはどのタイプであるかが記載される。認知症は、脳に障害をもたらす原因によってさまざまなタイプがあり、障害を受けた部分によって症状が異なる。ここでは日本人の高齢者に多い3タイプの認知症を紹介する。

アルツハイマー型
- 主に海馬と頭頂葉、側頭葉が障害を受ける。
- 長い年月をかけて脳に異常なタンパク質が蓄積し、脳が萎縮する。
- もの忘れから始まり、ゆるやかに進行する。

レビー小体型
- 主に後頭葉が障害を受け、脳が変性する。
- 脳にレビー小体という異常なタンパク質が蓄積し、脳が萎縮する。
- リアルな幻視を見る、体がこわばるなどの症状が現れる。

血管性
- 脳血管障害などで脳細胞の一部が障害を受けて発症。
- 障害を受ける脳の部位によって症状が異なる。
- 小さな脳血管障害が再発するたびに段階的に悪化する。

前頭葉　意思や思考、創造性などを司り、行動の指令を出す

頭頂葉　空間や左右の認識、熱さや冷たさなど、体の感覚を司る

側頭葉　嗅覚や聴覚、言葉の理解を司る

海馬　側頭葉の内側にあり、一時的に記憶を保管し、大脳皮質に送って保存する

後頭葉　視覚を司り、見たものが何かを認識する

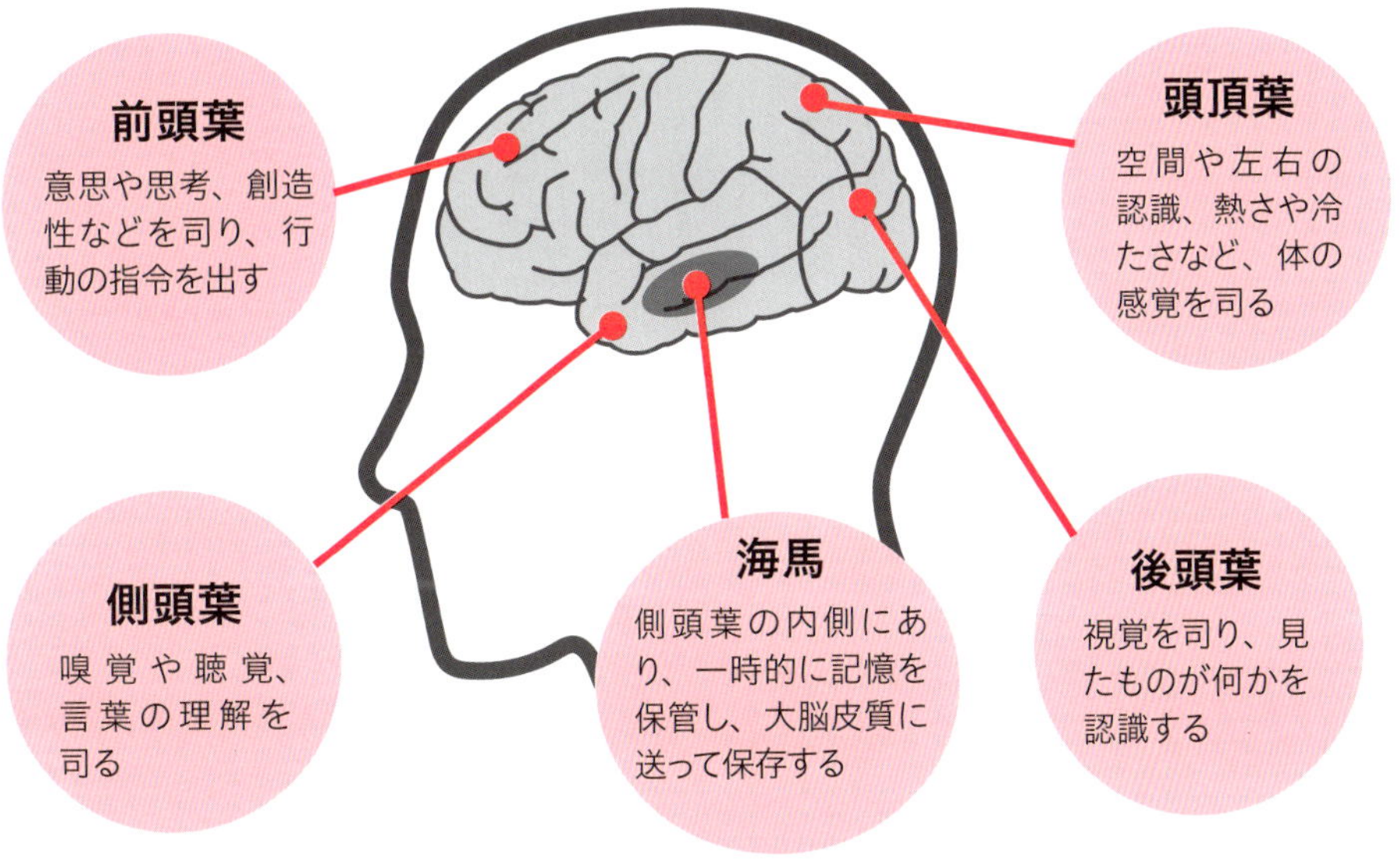

詳しい検査で認知症の原因とタイプを特定する

認知症の疑いがある場合はさらに詳しく検査し、原因は何か、どの程度進行しているかなどを調べる。

認知症とは、脳の障害によって認知機能が継続的に低下する病気の総称で、さまざまなタイプがある。詳しい検査をするのは、どのタイプなのかを特定しなければ、治療方針を決められないからだ。

タイプを特定するために、病院の設備や必要性に応じて、画像検査で脳の萎縮の状態や脳血管の障害、脳血流などを調べたり、髄液検査や脳波検査などで、その病気特有の状態を判別したりする。

Q 問診では何を聞かれる?

A いつからどのような症状があるか、他の病歴など。

よく聞かれる事項の回答をメモしておこう

最初に行われる検査が問診だ。医師が受診者本人に話しかけ、症状の有無や程度、日常生活の様子などを聞き取る。以前かかった病気や治療中の病気、それらの受け答えの様子も確認する。

医師から聞かれることの多い主な事項は上記の通り。限られた時間内に状況を正確かつ詳細に伝えられるよう、上記に対する回答をあらかじめメモしておくとよい。

問診ではこんなことを聞かれる

症状と日常生活について

- どのような症状が、いつから始まったか。
- 誰が気づいたか。
- どのように進んでいるか。
- 毎日の仕事や生活はできているか。
- 気持ちが落ち込むことがあるか。
- 買い物やトイレを自分でできるか。

など

病歴について

- 転倒や頭にけがをしたことがあるか。
- 現在治療を受けている病気はあるか。
- 現在服用している薬はあるか。
- これまでにどんな病気にかかったか。

など

診断書を
読み解く
基礎知識 ❷

認知症には“なりかけ”の状態（MCI）がある

診断が、「認知症ではないが、認知機能の低下がみられ、今後認知症となるおそれがある」「軽度の認知機能の低下」「境界状態にある」などの場合がある。このような状態をMCI（軽度認知障害）と呼ぶ。 MCIは認知症の“なりかけ”とも言え、放置すると認知症に進行する可能性が高い。一度認知症になると治ることはないが、MCIであれば予防対策に取り組むことで健康な状態に回復できることもある。

MCIとは

MCI = Mild Cognitive Impairment

「もの忘れが増えてきていて正常とはいえないが、日常生活や社会生活にはまだ支障をきたしておらず、認知症にはなっていないという境界状態」

認知症とは

「一度発達した認知機能が後天的な障害によって持続的に低下し、日常生活や社会生活に支障をきたすようになった状態」

※「　」内は日本認知症予防学会監修『認知症予防専門テキスト』から引用

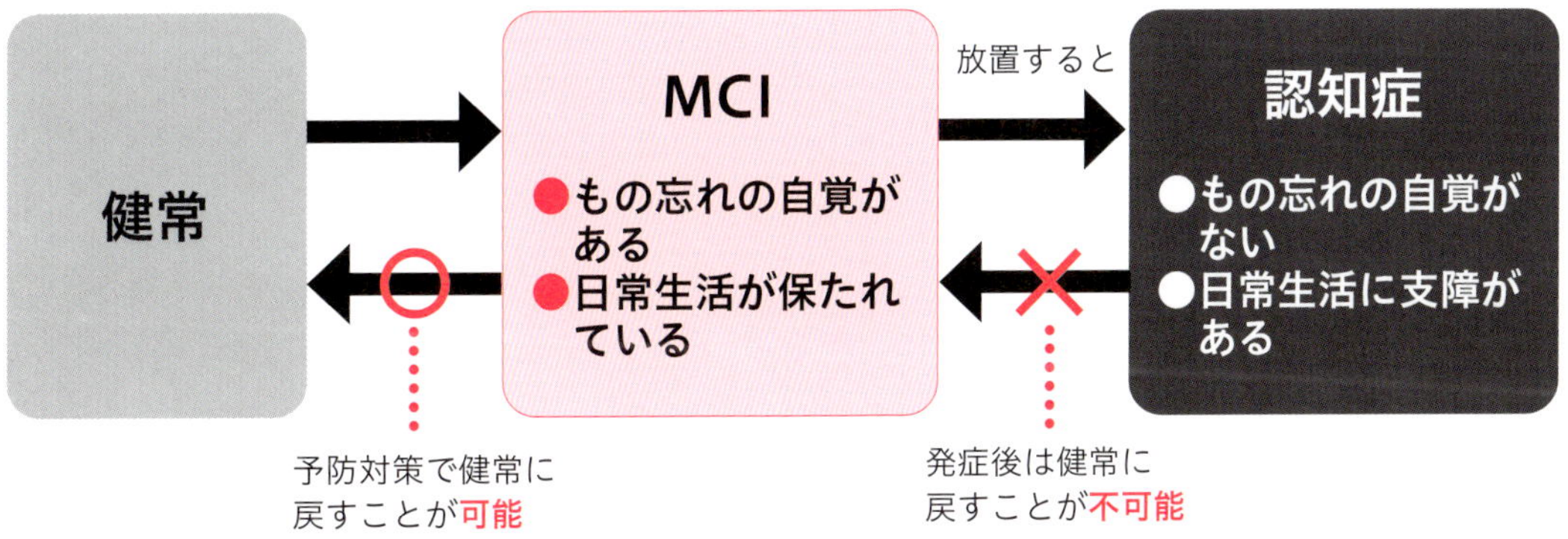

正確な診断のためには家族が同行するとよい

問診では、なるべく同居している家族が同行することが望ましい。認知症の人は、もの忘れをしていても医師に対して覚えているふりをしたり、事実と異なることを言ったりすることがよくあるからだ。

例えば、昨日の夕食を質問して「焼き魚」と回答されても、その答えが正しいのか医師にはわからない。家族がその場にいれば正しいか否かを伝えられ、より正確な診断を受けることができる。

また、治療中の病気の薬の副作用でもの忘れが起きていることもあるため、お薬手帳を持参すること。

Q 神経心理学的検査とはどんな検査？

A 認知機能の状態を調べる検査。その得点で認知症の疑いを判別する。

よく使われるのはMMSEとHDS-R

神経心理学的検査とは、医師が口頭で問題を出し、受診者の回答の得点によって、認知症の疑いや重症度を判断するもの。スクリーニングテストとも呼ばれる。

神経心理学的検査にはいくつかの種類があるが、警察庁のモデル診断書様式では、比較的よく知られていて短時間で行えるMMSEとHDS-Rの2つが例に挙げられている。その内容は上記の通り。

MMSE（ミニメンタルステートテスト）

設問	質問内容	得点（30点満点）
1	今年は何年ですか？ 今の季節は何ですか？ 今日は何曜日ですか？ 今は何月ですか？ 今日は何日ですか？	0/1 0/1 0/1 0/1 0/1
2	この病院の名前は何ですか？ ここは何県ですか？ ここは何市ですか？ ここは何階ですか？ ここは何地方ですか？	0/1 0/1 0/1 0/1 0/1
3	物品名3個（桜、猫、電車）	0～3
4	100から順に7を引く（5回まで）	0～5
5	設問3で提示した物品名を再度復唱させる	0～3
6	（時計を見せながら）これは何ですか？ （鉛筆を見せながら）これは何ですか？	0/1 0/1
7	次の文章を繰り返す「みんなで、力を合わせて綱を引きます」	0/1
8	（3段階の命令） 「右手にこの紙を持ってください」 「それを半分に折りたたんでください」 「それを私に渡してください」	0/1 0/1 0/1
9	（次の文章を読んで、その指示に従ってください） 「右手をあげなさい」	0/1
10	（何か文章を書いてください）	0/1
11	（次の図形を描いてください） 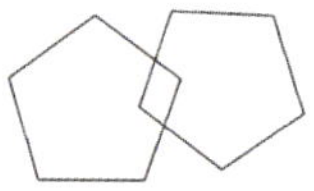	0/1

出典：日本認知症予防学会監修『認知症予防専門テキスト』

30点満点中23点以下で、認知症の疑いがある

HDS-R（長谷川式簡易知能評価スケール）

設問	質問内容		得点（30点満点）
1	お歳はいくつですか？（2年までの誤差は正解）		0/1
2	今日は何年の何月何日ですか？　何曜日ですか？ （年、月、日、曜日が正確でそれぞれ1点ずつ）	年 月 日 曜日	0/1 0/1 0/1 0/1
3	私たちが今いるところはどこですか？ ＜自発的に出れば2点、5秒おいて、家ですか？　病院ですか？　施設ですか？　の中から正しい選択をすれば1点＞		0～2
4	これから言う3つの言葉を言ってみてください。あとでまた聞きますのでよく覚えておいてください。以下の系列のいずれか1つで、採用した系列に○印をつけておく 1：a）桜　b）猫　c）電車　2：a）梅　b）犬　c）自動車		0/1 0/1 0/1
5	100から7を順番に引いてください。 100−7は？　それからまた7を引くと？　と質問する。最初の答えが不正解の場合、打ち切る	−93 −86	0/1 0/1
6	私がこれから言う数字を逆から言ってください。（6-8-2、3-5-2-9） ＜3桁逆唱に失敗したら打ち切る＞	（2-8-6） （9-2-5-3）	0/1 0/1
7	先ほど覚えてもらった言葉をもう一度言ってみてください ＜自発的に回答があれば2点、もし回答がない場合、以下のヒントを与え正解であれば1点＞ a）植物　b）動物　c）乗り物		a：0　1　2 b：0　1　2 c：0　1　2
8	これから5つの品物を見せます。それを隠しますので何があったか言ってください。 （時計、鍵、タバコ、ペン、硬貨など必ず相互に無関係なもの）		0～5
9	知っている野菜の名前をできるだけ多く言ってください。 ＜答えた野菜の名前を右に記入する。途中詰り約10 秒待っても出ない場合はそこで打ち切る＞ 5個までは0点、6個＝1点、7個＝2点、8個＝3点、9個＝4点、10個＝5点		0～5

出典：日本認知症予防学会監修『認知症予防専門テキスト』

30 点満点中 20 点以下で、認知症の疑いがある

MMSEは世界中で広く使われ、HDS-Rは「長谷川式」として日本国内でよく使われている。所要時間はどちらも10～15分程度。

免許更新時に教習所等で受ける認知機能検査は、この神経心理学的検査を簡略化したものだ。教習所等では、認知症の初期段階で現れやすい日時の見当識と記憶力の低下だけを簡易に調べるのに対し、神経心理学的検査では、場所の見当識、計算力、言語能力など、より多くの認知能力を調べる。さらに詳しい神経心理学的検査もあるが、基本的な項目は似たものが多い。

しっかりと睡眠を取って脳の働きをよくし、リラックスした状態で受けよう。

Q 血液検査では何がわかる？

A 血管性認知症のリスクや「治る認知症」の可能性を見つけられる。

成分を調べて認知症とそれ以外の病気を鑑別

血液検査では、血液中に含まれるさまざまな成分を分析して、認知症のタイプを調べる。後述する画像検査とともに、認知症の鑑別診断（複数の病気の可能性からの特定）には欠かせないとされている。

血液から高血糖や脂質異常など脳血管障害の危険因子が見つかれば、血管性認知症の可能性が考えられる。また、ビタミン濃度や甲状腺ホルモン、その他の成分から「治る認知症」（45ページ参照）と呼ばれる病気を鑑別することもできる。

「治る認知症」とは、認知症に似ているが、早期に発見して治療すれば完治が見込める病気のこと。免許更新時に「認知症のおそれがある」とされた人の診断が「治る認知症」であれば、免許の保留・停止となる。一定期間後の再検査で認知機能が回復していれば免許を更新できる。

血液検査は、画像検査で脳の萎縮や血管の異常が見つからない場合の診断にも役立つ。

診断書を読み解く基礎知識③

「治る認知症」とは

認知症は基本的には治らない病気だが、診断書に、回復する見込みがあると記載される場合がある。これは厳密には認知症ではなく、認知症と似た症状が現れる他の病気のことだが、一般的に「治る認知症」とも呼ばれ、適切に治療すれば完治が見込める。ただし気づかずに放置すると、症状が進行して治療困難になるため、正しい診断を受けることが大切。「治る認知症」と呼ばれる代表的な病気を以下に紹介する。

甲状腺機能低下症

- のどぼとけの下あたりにある甲状腺の機能障害が原因で、もの忘れや意欲低下、うつ状態などの症状が現れる。
- 甲状腺ホルモンの補充で症状を改善できる。

慢性硬膜下血腫

- 頭を強く打つことが原因で、頭蓋の中にできた血の塊が周囲の組織を圧迫し、記憶障害などが現れる。
- 脳内の血腫を取り除くことで症状を改善できる。

脳腫瘍

- 脳の神経細胞が腫瘍化し、頭痛やめまい、吐き気、けいれん発作、もの忘れなどの症状が現れる。
- 腫瘍が良性で、早期発見できれば、取り除くことで症状を改善できる。

正常圧水頭症

- 脳を浸す髄液という液体が増えることが原因で、脳が圧迫され、記憶障害、歩行障害、尿失禁などの症状が現れる。
- たまっている髄液を排出させることで症状を改善できる。

免許更新時の認知機能検査で「認知症のおそれがある」とされた人が、これらの病気と診断された場合、医師の判断で回復が見込めるなら6か月間（またはそれ以内）の保留・停止となり、保留・停止期間後に再検査となる。

アルツハイマー型の診断に活かす研究も

アルツハイマー型の原因となる異常タンパク質を血液中から検出することで、アルツハイマー型認知症を診断できるようにする研究も進められている。

異常タンパク質の脳内での蓄積状況は、現状では画像検査のPETと髄液検査で判別できるが、どちらも特定の場合を除いて保険適用外のため高額で、実施できる病院も多くない。

今後、血液検査によるアルツハイマー型の診断が可能になれば、より早い段階での効率的な認知症の発見が期待できる。

Q 画像検査では何を調べる？

A 脳の形の変化や出血・梗塞の有無、血流などをチェックする。

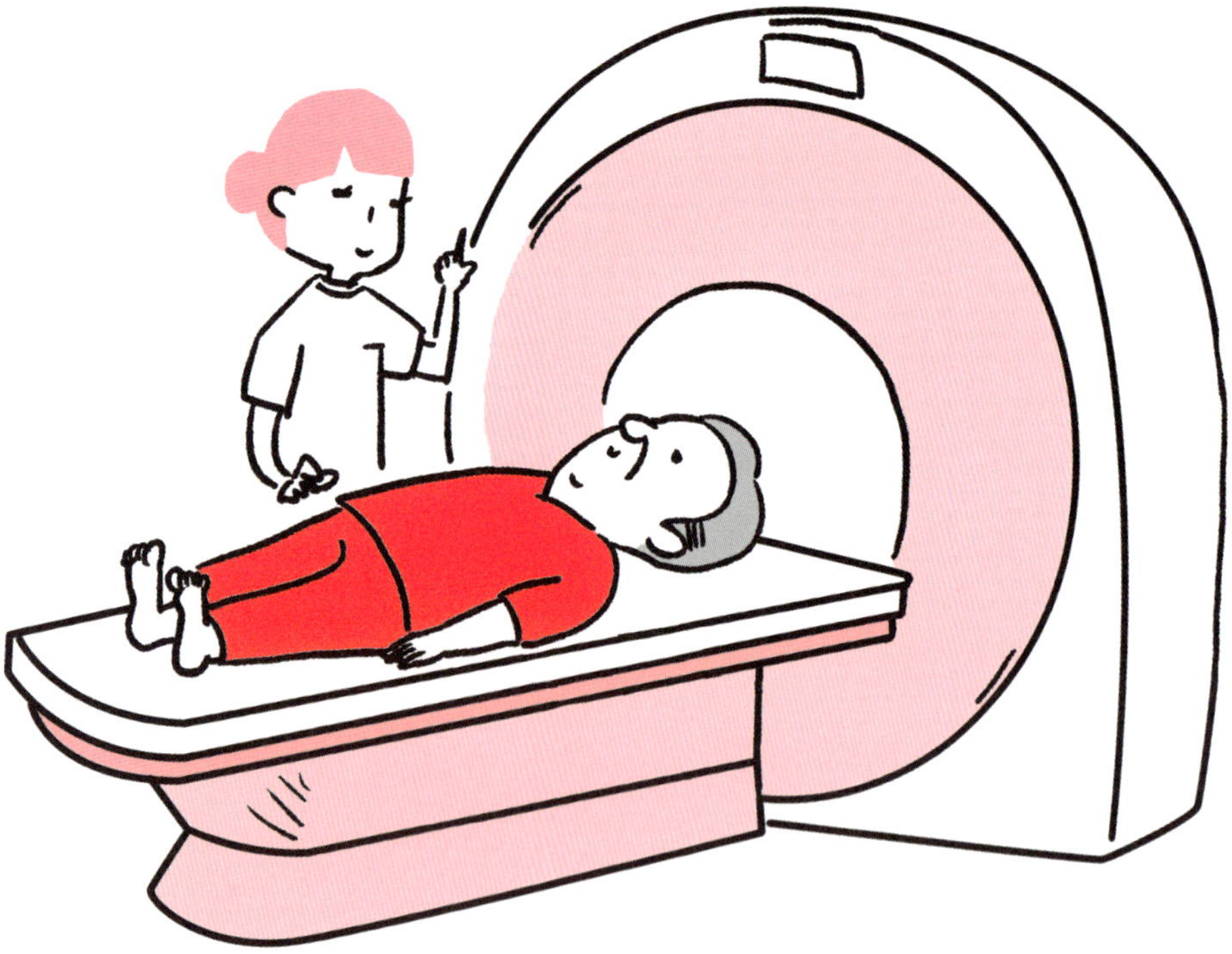

画像検査では、特殊な装置を使って脳の形状や脳の働きを画像化して、どのような障害があるかを調べる。

視覚的な変化を見つける CTとMRI

よく行われるのはCTまたはMRIで、脳の形状の変化から、脳が変性するタイプの認知症か、血管性の認知症かを判別できる。変性タイプのアルツハイマー型であれば脳が縮んでいることが多く、血管性であれば脳の血管に出血や梗塞が認められる。

機能的な変化を見つける SPECTとPET

SPECTは特殊な薬品を注射することで脳の血流を調べる検査。PETも同様の薬品を注射し、脳内の糖代謝や異常タンパク質の量などを調べる検査。これらは脳の形状にあまり変化のない、認知症の初期段階での診断に役立つ。

SPECTやPETは、神経心理学的検査などで認知症の可能性を調べたうえで、改めて予約して後日受けることが多い。

認知症を診断する主な画像検査

CT《シーティー》 / MRI《エムアールアイ》

脳の形状や萎縮、出血や梗塞の有無を調べる

- CT は X 線、MRI は磁気を用いて脳の断面を撮影し、形状、出血や梗塞などの異常を調べる。両方の検査をする必要はなく、どちらかでよい。
- 脳の萎縮（縮むこと）があればアルツハイマー型、脳血管の出血や梗塞があれば血管性の認知症が疑われる。
- 脳腫瘍や慢性硬膜下血腫の発見も可能。
- CT は検査時間が 5 分程度と短く、比較的低額。画像を細かく見ることができる。
- MRI は検査時間が 30 分程度。大きな音がする。金属やペースメーカーの装着は不可。

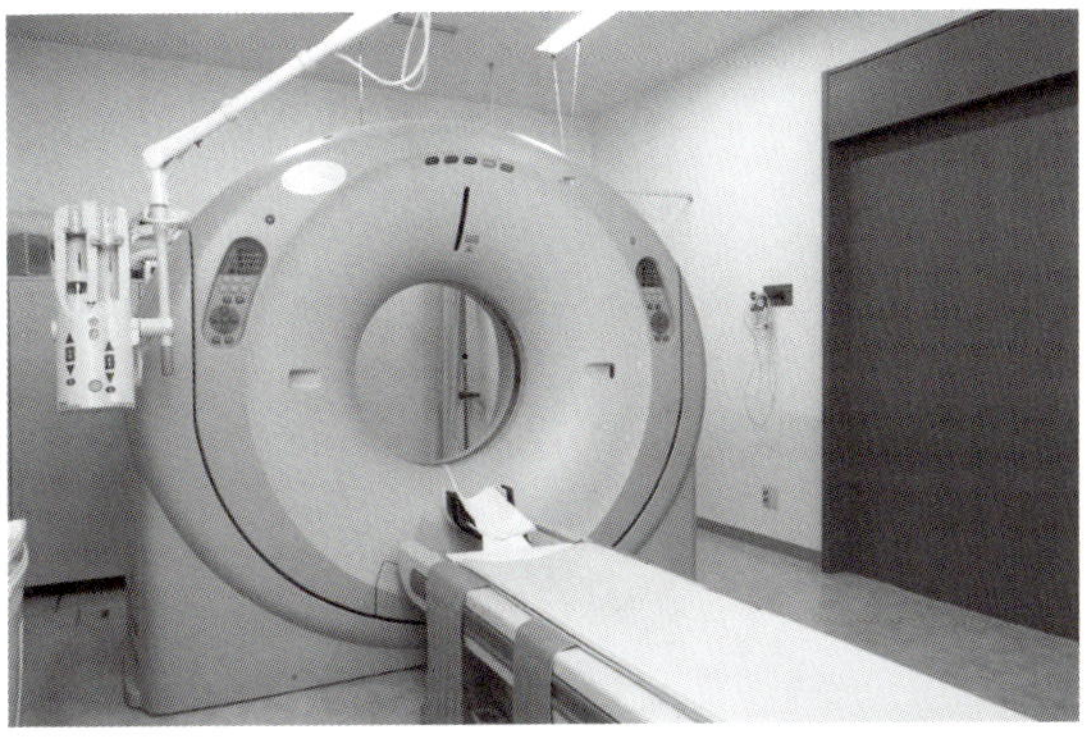

CT 検査装置（上）と
MRI 検査装置（右）

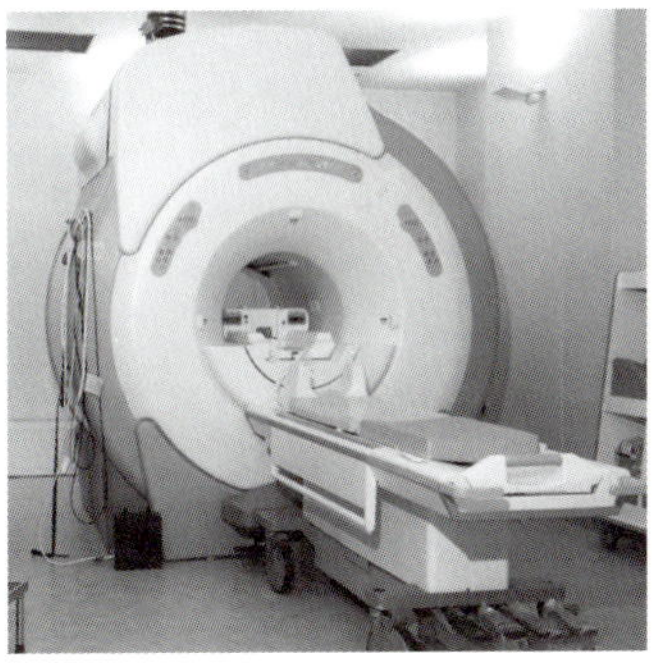

SPECT《スペクト》

脳の血流の低下を調べる

- 微量の放射線が出る薬品を用いて脳の血流を画像化し、異常を調べる。
- 血流の悪い部位によって、アルツハイマー型やレビー小体型などを鑑別できる。
- 脳が萎縮する前の早期診断に役立つ。
- 検査時間は、10 ～ 30 分（薬品投与直後に撮影）。

PET《ペット》

脳の血流や糖代謝を調べる

- 微量の放射性が出る薬品を用いて、脳の血流、糖代謝などを画像化して異常を調べる。
- アルツハイマー型の原因となる異常タンパク質の蓄積がわかり、認知症の初期段階や MCI の症例を見つけられる。
- 検査時間は検査目的によって異なり、15 ～ 60 分（別途、薬品の投与から約 1 時間を空ける）。

胸部を画像化する検査も

MIBG《エムアイビージー》 心筋《しんきん》シンチグラフィ

レビー小体型の鑑別に役立つ

- SPECT 装置を活用した検査で、検査用の薬品を用いて、心臓に集まる自律神経の量を調べる。
- レビー小体型で生じる自律神経障害の有無を確認でき、鑑別に役立つ。

Q 髄液検査、脳波検査、超音波検査とは？

A 認知症やそれ以外の病気特有の成分や状態を見つける検査。

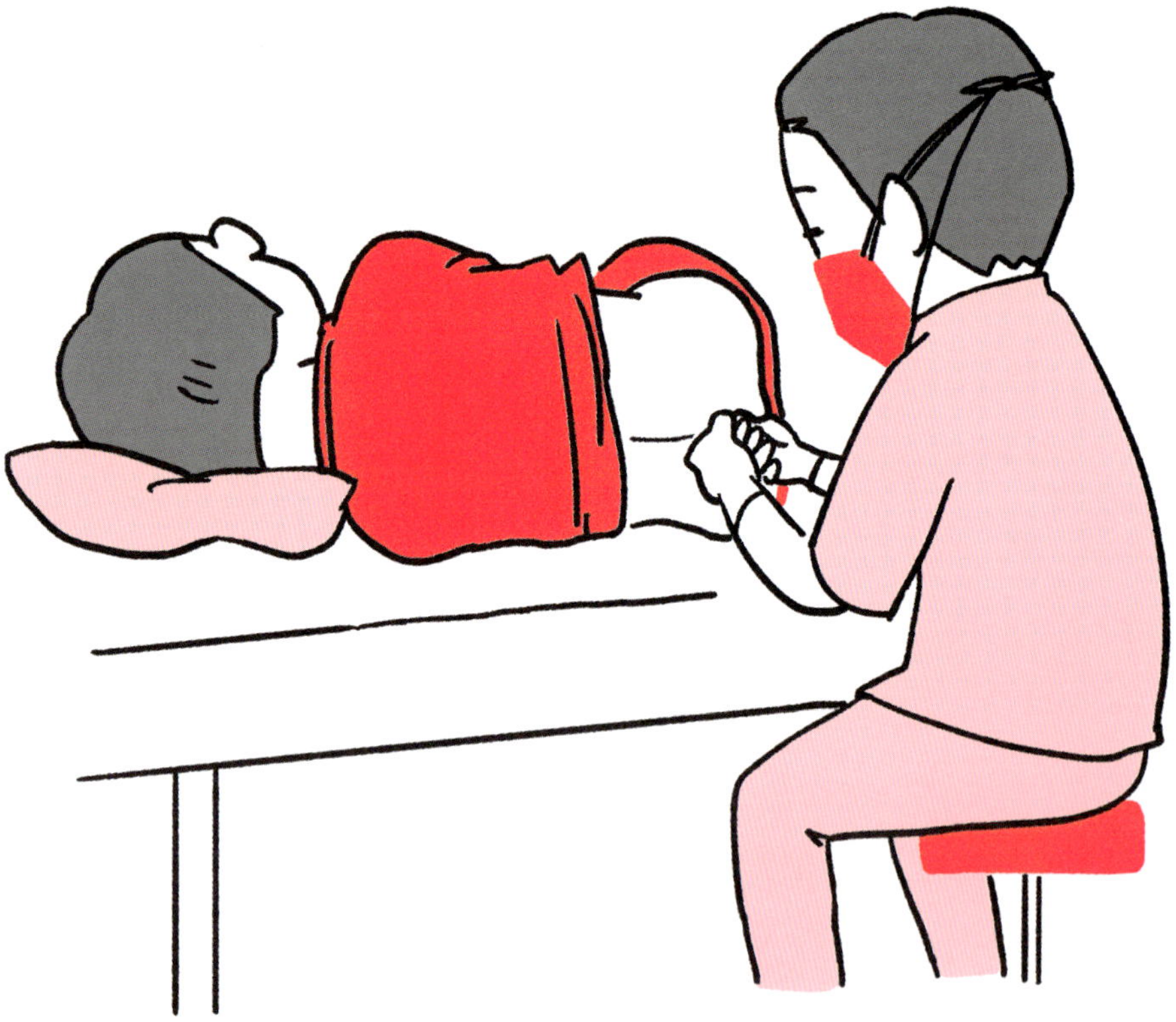

髄液検査
アルツハイマー型の初期診断に有効

髄液とは、脳や脊髄（背骨の中にある太い神経の束）などを流れる無色透明の液体で、脳脊髄液とも呼ばれる。

アルツハイマー型の原因とされる異常タンパク質は、発症の10～20年前から少しずつ脳に蓄積すると言われている。そのため、髄液中に含まれる異常タンパク質の量を測ることで、認知症の初期段階やMCI（軽度認知障害）の診断に役立つ。

また、脳内で炎症を起こして神経細胞に障害をもたらす成分の有無を調べ、血管性認知症や「治る認知症」を見つけることもできる。

検査では、ベッドに横向きに寝た状態で腰に針を刺し、10㎖前後の髄液を採取する。採取にかかる時間は10～15分程度。針を刺す痛みを伴うこともある。

採取後は1～2時間ほど安静にする必要がある。

診断書を読み解く基礎知識④

認知症と間違われやすい病気

認知症と診断されなくても、認知症の疑いがあった人の中には、認知症と間違われやすい他の病気が見つかる人もいる。これらの病気はそれぞれ対処や治療法が異なり、運転が危険な場合もある。医師が正しく診断できるよう、診察時には症状を細かく伝えること。

老人性うつ病

- 気持ちが沈んで何をしても楽しくない、やる気が出ない、食欲が出ないといった状態。
- もの忘れはあっても激しくなく、自覚している。
- 脳の働きが鈍くなり、認知症になりやすくなる。

せん妄

- 軽い意識障害で、急に興奮したり、幻覚を見たりする。
- 数時間から数日続いて治まり、夜間や夕刻に悪化する傾向がある。
- 急な環境の変化や薬剤の影響で起こることが多い。

てんかん

- 脳が一時的に過剰に興奮することで、意識消失やけいれんなどの発作が起こる。
- 運転は危険なため、発作が再発するおそれがある場合は、免許取り消しの対象となる。

脳波検査

脳波の形状からてんかんを鑑別

脳が活動している時に生じる微弱な電波を測定し、障害の有無や程度を調べる。波形によって脳の梗塞や腫瘍などの有無がわかる他、急な発作を起こす危険のあるてんかんの鑑別ができる。

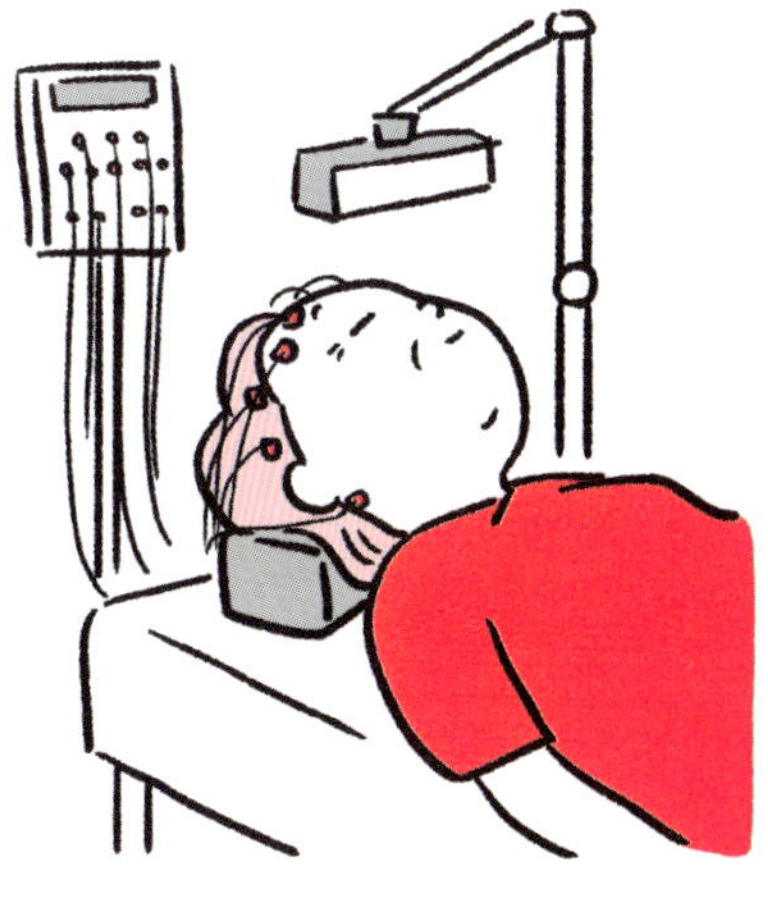

超音波検査（エコー検査）

頸動脈を検査して動脈硬化を把握

対象箇所に超音波を当てて、その反射を映像化する。頸動脈（あごの付け根あたりを流れる血管）を検査することで動脈硬化の状態を把握でき、アルツハイマー型、血管性認知症の鑑別に役立つ。

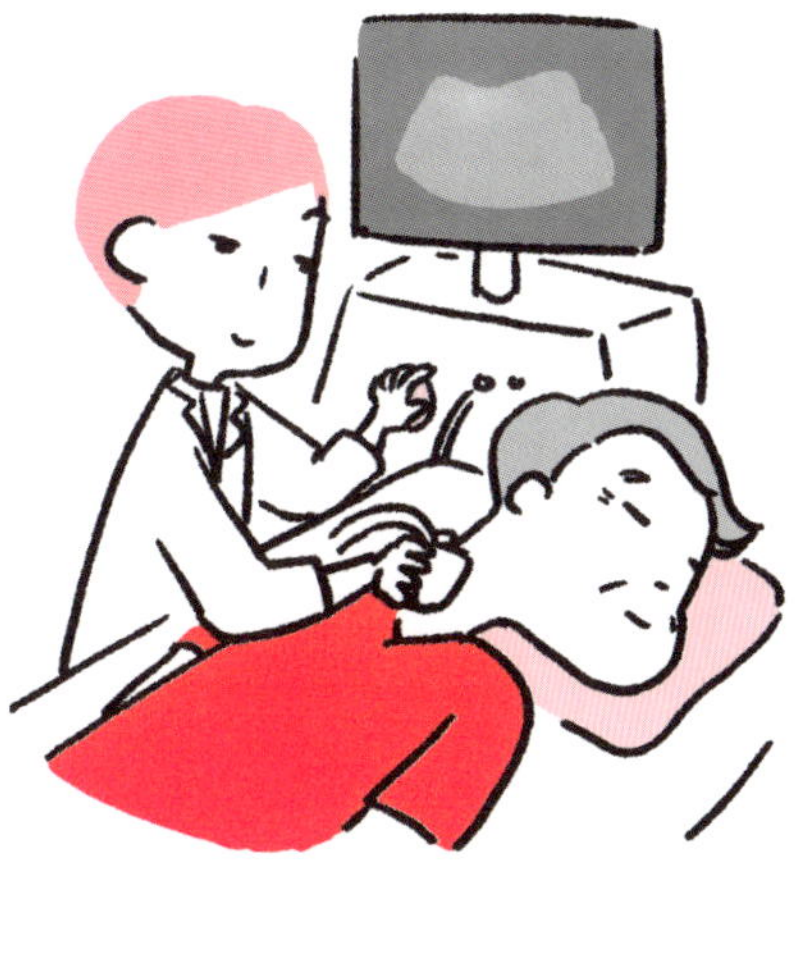

Q 検査を受けられる病院はどう探す？

A まずは身近なかかりつけ医に相談してみよう。

専門医はすぐには診てもらえないことも

いざ検査を受けようにも、どの病院へ行けばよいのか迷う人も多いだろう。

認知症に対応する診療科は、精神科や神経内科、老年科などだが、実際は認知症を診ていない場合もあるので、事前に確認する必要がある。もの忘れ外来やメモリークリニックなどの専門外来が開設されていれば確実だ。

これらの診療科ですぐに受診できればよいが、認知症の専門医は患者数に対して数が少なく、2～3か月前からの予約が必要な場合も多い。また、あまり遠方では通院が困難になることも。

そこで、まずは日ごろから継続的に通っているかかりつけ医に、認知症の検査ができるか相談しよう。

かかりつけ医が認知症に対応できない場合や、診断書の作成が困難な場合は、専門医を紹介してもらおう。かかりつけ医が窓口になって、詳しい検査のできる専門医と連携してくれることもある。

検査にかかる費用はどれくらい？

検査の費用は、実施した検査の数と種類、病院の方針、自己負担額の割合などによって変わる。基本的な検査には医療保険が適用されるが、診断書の作成は保険適用外で、その料金は病院によって異なる。検査当日の支払いがどれくらいか、あらかじめ病院へ問い合わせておくとよい。

一般的な目安として

基本的な検査
- **問診**
- **神経心理学的検査**
- **血液検査**
- **CT または MRI**

→

検査費
数千～2万円前後
（自己負担額3割の場合）

＋

診断書作成費
数千円程度
（記載の細かさや病院の料金設定による）

※大きな病院の初診では、かかりつけ医より費用が割高になる場合がある。
※異常タンパク（アミロイドβ）の測定を目的としたPETと髄液検査は保険適用外（特定の治療のための検査であれば適用される場合がある）。
※かかりつけ医から専門医への紹介状の作成費がかかることがある。

困った時は地域包括支援センターへ

認知症患者の増加を受け、専門医の不足を補えるよう、厚生労働省はかかりつけ医の認知症対応力向上に取り組んでいて、専門医並みの診療ができる医師もいる。

一方で、認知症に詳しくない医師がいることも事実。仮に検査をしてもらえても、症状を見落とされるおそれもある。診断に不安があれば、専門医への紹介状をもらうか、セカンドオピニオンを受けることも検討しよう。

相談できるかかりつけ医がいない場合は、住んでいる地域の地域包括支援センターに相談するとよい。

Q 認知症と診断されたらどうなる？

A 半年以内に回復の見込みがなければ免許の取り消し等の対象となる。

認知症になったら運転は続けられない

道路交通法では、認知症になった人は運転ができないことになっている。

認知機能検査で診断書提出命令書等を受けた人は、認知症（アルツハイマー型、レビー小体型、血管性、前頭側頭型など）と診断されると、運転免許の拒否または取り消しとなる。

「治る認知症」と診断された場合は、6か月以内に回復の見込みがあれば、同期間（またはそれ以内）の保留または停止となり、その後に再検査を受ける。「治る認知症」であっても、6か月以内に回復の見込みがない場合は拒否または取り消しとなる。

MCIのように、認知症ではないが認知機能の低下がみられるなどの診断の場合は、原則として6か月後に再検査を受ける。

認知機能検査の免除を目的に検査を受けた人が認知症と診断された場合は、すぐに認知症の治療を始め、運転免許証の自主返納を検討しよう。

診断書を
読み解く
基礎知識 ⑤

認知症と診断される症状

認知症の診断書には、所見として具体的な症状が記載される。認知症の症状は、病変によって誰にでも起きる障害を中核症状と呼び、そこに精神的な不安や混乱、ストレスの多い環境などが加わることで現れる症状を周辺症状（BPSD）と呼ぶ。

中核症状　脳の病変による認知機能の障害。もの忘れや判断力の低下など、程度の差はあるが、ごく初期段階から誰にでも現れる。

記憶障害

新しいことを覚えられなくなり、次第に古いことも忘れていく。

失行

麻痺ではなく、体をうまく動かせず、着替えたり道具を使ったりできなくなる。

判断力障害

考えるスピードが落ちたり、すぐに的確な判断ができなくなったりする。

見当識障害

今日が何日か、自分がどこにいるのかなどがわからなくなる。進行すると人の顔がわからなくなる。

失認

見えているものが何なのかを認識できなくなったり、道に迷ったりする。

実行機能障害

段取りを考えて手順よく実行することができなくなる。

免許更新時の認知機能検査では、記憶障害と見当識障害のみを簡易にチェックする。

周辺症状　暴言を吐く、暴力をふるう、黙って家を出て迷子になるなど、周囲の人を困らせる言動が多い。症状が必ず現れるわけではなく、本人の不安や周囲の環境が原因であることが多いため、根本的な原因を解決することで軽減できる可能性がある。

- 暴言・暴力
- 徘徊
- 幻覚
- 妄想
- 睡眠障害
- 不安・焦燥
- 異食・過食
- 不潔行為
- 多弁・多動

　など

TOPICS

認知症の治療薬とは

アルツハイマー型には進行を遅らせる薬も

認知症の治療薬の開発は世界中で進められているが、完治を見込める薬は今のところない。認知症全体の7割程度を占めるアルツハイマー型に対しては、症状を和らげたり、進行を遅らせたりする治療薬が数種類ある。

２０２３年にはレケンビという新薬が発売された。アルツハイマー型の原因とされる異常タンパク質を脳から除去する働きがあり、症状の進行スピードを約27％抑制する効果が認められている。症状が極めて初期段階の人と、その手前のＭＣＩ（軽度認知障害）の人が対象で、これ以上に進んでいたら効果は乏しいとされている。投与の対象となるか否かの診断が難しい、効果の経過観察が必要、費用が高額などの理由から、レケンビを扱えるのは設備の整った病院に限られている。

それでもレケンビは、アルツハイマー型の根本原因に作用する初の治療薬で、ＭＣＩの段階から治療を始められるため、新薬開発の大きな進展として注目されている。また今後、さらに効果のある新薬の登場が期待されている。

認知症の治療薬

商品名	主な作用	主な特性	適応段階
アリセプト	●脳の神経伝達物質を増やし、情報を伝わりやすくする	●量を調整しやすく、副作用が少ない ●レビー小体型認知症にも使用できる ●飲み薬の他、貼り薬の新薬「アリドネパッチ」も登場	軽度 中度 高度
レミニール		●効果が比較的顕著に現れる ●イライラや興奮を鎮める作用もある	軽度 中度
リバスタッチパッチ/イクセロンパッチ		●貼り薬(パッチタイプ)なのでいつ貼ったかをチェックしやすい	軽度 中度
メマリー	●害を及ぼす物質が過剰に神経細胞に侵入するのを防ぐ	●上記の3薬と併用できる ●イライラや興奮を鎮める作用もある	中度 高度
レケンビ	●アルツハイマー型の原因とされる物質を脳内から除去する	●発症前か極めて初期段階での投与が効果的 ●2週間に1回、点滴で投与する	MCI 軽度 初期段階のみ

※2024年中には、ドナネマブ（商品名ケサンラ）という新薬が厚生労働省の承認を得る見込み。

医師が症状に合わせて薬を使い分ける

厚生労働省の承認を得ている治療薬を上記の表にまとめた(2024年7月時点)。いずれもアルツハイマー型の中核症状に効果があり、医師はこれらの薬を患者の症状に合わせて使い分けている。

使用例が多いのはアリセプト。脳の神経伝達物質を増やす作用があり、もの忘れが減ったり会話が増えたりするなどの効果が見込める。軽度から高度までの進行状態において使用できる。

レミニールはアリセプトと同様の作用。メマリーは他の薬と作用が異なり、組み合わせて使うことができる。

認知症の人は薬を飲み忘れることが多いため、胸や背中などに貼るタイプの薬もある。日付を表面に書いておける貼り薬なら、家族や介護者が服薬管理をしやすい。リバスタッチパッチ、イクセロンパッチの2製品の他、アリセプトを貼り薬にしたアリドネパッチという新製品も2023年に登場した。

早めに服用するほど効果が長続きする

どの薬も年月が経つと効き目が薄れてくるが、初期段階のうちに服用を始めるほど、より長期的な効果を期待できる。認知症は早期発見・早期治療が大切とされる理由のひとつがこれだ。

75 ～ 79 歳の 4 人に 1 人は認知症か MCI

認知症と MCI の年齢階級別有病率

2022 ～ 2023 年度に福岡、石川、愛媛、島根各県内の計 4 地域で実施した調査データ

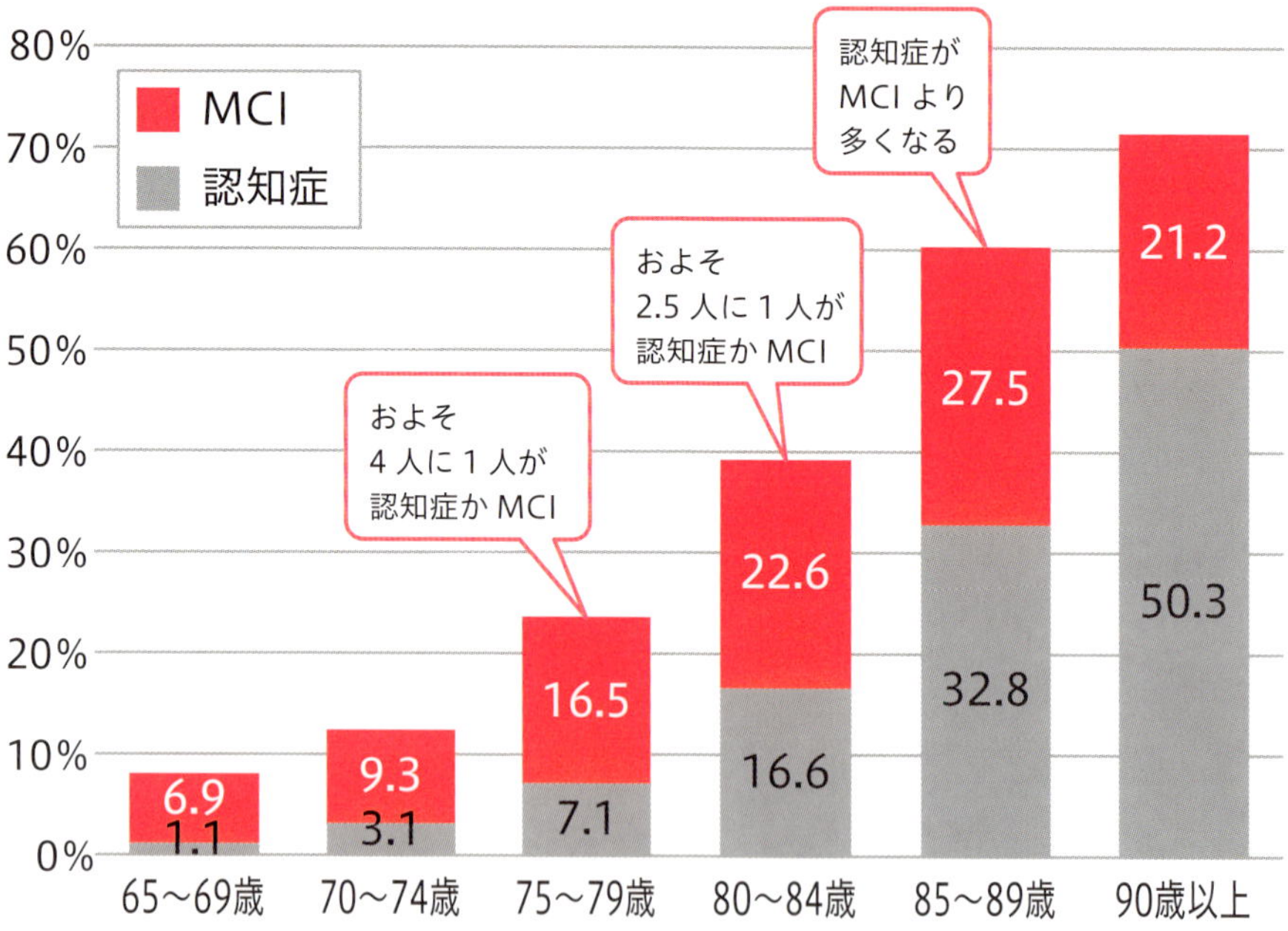

出典：内閣官房 健康・医療戦略室「認知症施策推進関係者会議（第 2 回）」提出資料から作成

65歳の高齢者のうち、どれくらいの人が認知症やMCI（軽度認知障害）になっているのか。厚生労働省の研究班の調査による推計が2024年5月に発表された。

上のグラフは、認知症とMCIの有病率（病気にかかっている人の割合）を示したもの。65～69歳の有病率は、認知症が約1％、MCIが約7％で、合計約8％。

これが、免許更新時に認知機能検査が義務付けられる75～79歳になると、認知症が約7％、MCIが約17％で、合計約24％に上昇する。およそ4人に1人は認知症かMCIの計算だ。80～84歳では、認知症が約17％、MCIが約23％。合計で約40％となり、およそ2・5人に1人が認知症かMCIだ。

85～89歳になると、認知症が約33％で、MCIが約28％。認知症がMCIよりも多くなるのは、84歳までにMCIだった人が、85歳以上になって認知症を発症したためと考えられる。

この調査では、認知症とMCIの将来推計も発表されている。2022年時点で認知症の人は443・2万人、MCIは558・5万人。2030年には認知症が523・1万人、MCIが593・1万人に増加する見通しだ。

Part 3

長く健康で安全に運転を続けるために

「買い物や病院に行くのに欠かせない」「家族の送り迎えに必要」「自由にドライブを楽しみたい」――。

車の運転は、生活を支える大切な足であったり、楽しみであったりする人が多い。しかし、高齢になるほど運転技能は衰えがちになる。

このパートでは、長く健康で安全に運転を続けるためのヒントを紹介する。

監修（P58-59、P63-71）
鳥取大学医学部認知症予防学講座 教授
日本認知症予防学会 代表理事 浦上克哉

寄稿（P60-62）
NPO 法人 高齢者安全運転支援研究会
理事長 岩越和紀

高齢になると運転はこう変わる

発見・判断・操作の遅れが事故のリスクに

認知機能の衰えは、運転にどのような影響をもたらすのだろうか。

特に顕著なのは注意力の低下だ。後方や死角の安全確認をしない、赤信号や一時停止の標識を見落とす、歩行者や自転車に気づかないことなどが増える。

また、対象物との距離を正しくつかむ視空間認知力が衰えると、車間距離を一定に保てない、高速道路での合流がスムーズにできない、駐車枠にまっすぐ止められないなどの影響が出る。

運転中に行き先や慣れているはずの道順を忘れる、駐車した場所を思い出せないなどは、記憶力や見当識の低下が疑われる。車体にこすり傷がついているのに、理由を思い出せない時は要注意だ。

さらに筋力や視力、視野、聴力などさまざまな身体機能の衰えが加わり、たとえ認知症でなくても、高齢ドライバーは交通違反や事故を起こしやすくなる。若いころと比べると運転技能が低下していることを、運転歴の長い人ほど、自覚していない傾向があるので気をつけよう。

認知機能＋身体機能の低下がもたらす運転への影響

運転に必要な**認知機能**の例

●注意力

周囲の状況に気を配り、危険な事象を早めに察知する。

●判断力

ルートの選択や危険の回避など、とっさに的確な判断をする。

●視空間認知力

周囲の車や建物、ガードレールなどとの距離を正しくつかむ。

●実行機能

判断通りに手際よく行動する。

●見当識

現在の時間や場所、自分の置かれた状況を正しく認識する。

●記憶力

目的地や道順、交通ルール、機器類の操作方法などを覚える。

運転に必要な**身体機能**の例

●筋力

ハンドルをしっかり握る／ブレーキをしっかり踏み込む

●柔軟性

首や上半身を回して後方を確認する／アクセルとブレーキを素早く踏み換える

●基礎体力・回復力

運転中の注意力や判断力を持続させる

●視野

周辺までを広く視界に入れて気を配る

●動体視力・夜間視力

動いている物を見分ける／暗い場所で物を見分ける

●聴力

クラクションやサイレンを聞き分ける

これらの機能が衰えると

↓

交通違反や事故などのリスク

寄稿

運転の高齢化現象をセルフチェック

NPO法人 高齢者安全運転支援研究会 理事長 **岩越和紀**

50年近くも運転を続けていると、自分では気づきにくいのが運転の高齢化現象だ。免許更新時に認知機能検査を受け、確かに合格はもらっている。だから運転も問題ないと考えがちだが、危険判断の速さや正確さに衰えはないだろうか。

交差点を広い視野で見渡せていない、歩行者や自転車とのヒヤリハット場面も増えた、わずかではあるが最近つけたこすりキズも気になる等々、家族には内緒にしながら、「これが高齢化？」との不安を胸に運転を続ける人も多いのではないだろうか。

こうした不安にどう対処すべきか。事故につながりやすい8つの運転シーンから、自分自身の運転を見直し、〝老い〟を鍛えるヒントを考えたい。

✓ チェック① **ペダルの踏み間違い**

始動時のルーティンから始めよう

ペダルの踏み間違い事故は、高齢者だけが起こしているわけではないが、問題は多重衝突や死亡重傷事故につながることだ。エンジン始動時や車庫入れ時には、①目視でシフト位置を確かめる、②脚で両ペダルの位置を確認する、③動きだしはクリープ現象を利用する、④ゆっくり動きだしてからアクセルをソフトに踏むなど、焦らず、動きだしの冷静さを保つことが踏み間違い防止の第一歩。

✓ チェック② **追い越し**

追い越し車線は“異常興奮車線”と知るべし

高速道路を走行中、追い越し車線を走り続けていることはないか。前の車を追い越した後、さらに前の車まで距離があるのに、追い越し車線をキープしてしまうのは後続車にも迷惑だ。これからは1台抜いたら、すぐに走行車線に戻る癖をつけよう。追い越し車線（超高速）と走行車線（高速）の速度差を実感することで、速度に関して“正気”を取り戻す必要がある。

✓ チェック③　横断歩道

信号機のない横断歩道は黄色と思え。自らブレーキを！

信号機のない横断歩道は、無意識に通過しがちだ。このことの反省として、われわれは安全確認を信号機に頼りすぎていないか。赤になっていれば無条件で止まることに慣れてしまい、逆に信号機がなければさほど注意を払わない、が意識下にあるように思う。さらに車間距離を詰めすぎているために、前車につられての通過もある。自分の目で、意思で、安全を確かめよう。

✓ チェック④　ハンドル操作

自分の安全速度を知って「ハンドル操作不適」を防ぐ

「ハンドル操作不適」は、高齢ドライバーの事故原因の多くを占めている。操作を誤って路外へ逸脱するなどの事故を指すが、言い換えれば、自分でコントロールできないほどのスピードを出し、制御不能に陥ったということ。車の安定性も上がり、都市高速などの急カーブで曲がる速度も大変に速くなっているが、限界はある。周りの車につられず、衰えを自覚して自分の安全速度を守ろう。

✓ チェック⑤　眩しさ

眩しさを感じるのは老化のシグナル。眼科で検査を

日中の走りで気になってくるのが、眩しさだ。前の車から跳ね返された光が目に刺さり、その周辺視野がかすみ、自転車や歩行者の存在を隠す。夜間の対向車のヘッドライトも以前より眩しく感じるようになり、横断歩道等で歩行者の存在に気づくのが遅れ、ヒヤリとする。この状態、まず白内障を疑おう。さらに、他の障害も考えられるので、まずは眼科へ。

✓ チェック⑥
電動自転車・キックボード

だいぶ前に抜いても追い付いてくる。左折時は要注意

正直、最近はやっかいな乗り物が増えた。電気で動く自転車とキックボードだ。とにかく、こちらが思っている以上に速い。特に危ないのは左折時、だいぶ前に追い越したつもりでも、しっかり付いて来て、すぐ脇をすり抜けて行く。これらの乗り物の出現以来、たとえ、スピードがゆっくりでも走りながらの左折は厳禁だ。しっかり一時停止をする癖をつけ、安全の確認を。

✓ チェック⑦　赤信号

先への目線より手前の危険を見る

先の交差点の信号が気になって、直前の交差点の赤信号に気づかず、横断中の歩行者に突っ込んでしまった事故があった。運転中は先に先にと安全を確認しがちで、手前の安全は周辺視野の役割となることが多い。ただ、高齢者の周辺視野は年齢とともに狭まっていくので、しっかり眼球を動かし、手前の危険も見落とすことがないような安全確認が必要だ。

✓ チェック⑧　一時停止

一時停止ではスピード“ゼロ”に立ち戻ろう

一時停止の標識や停止線の前で、しっかり止まるドライバーは少ない。高齢者に多くみられるのは、スピードを緩めるだけで止まったつもりになり、完全停止をしないタイプだ。一時停止には、スピード感をリセットするという役割もあると考えてほしい。特に歩行者が多い場所では、いったん速度をゼロにしたうえで、歩行者の速度に合わせて進むようにしたい。

免許証の自主返納をどう考えるか

運転をしていた人としていなかった人の
認知症の発症リスク

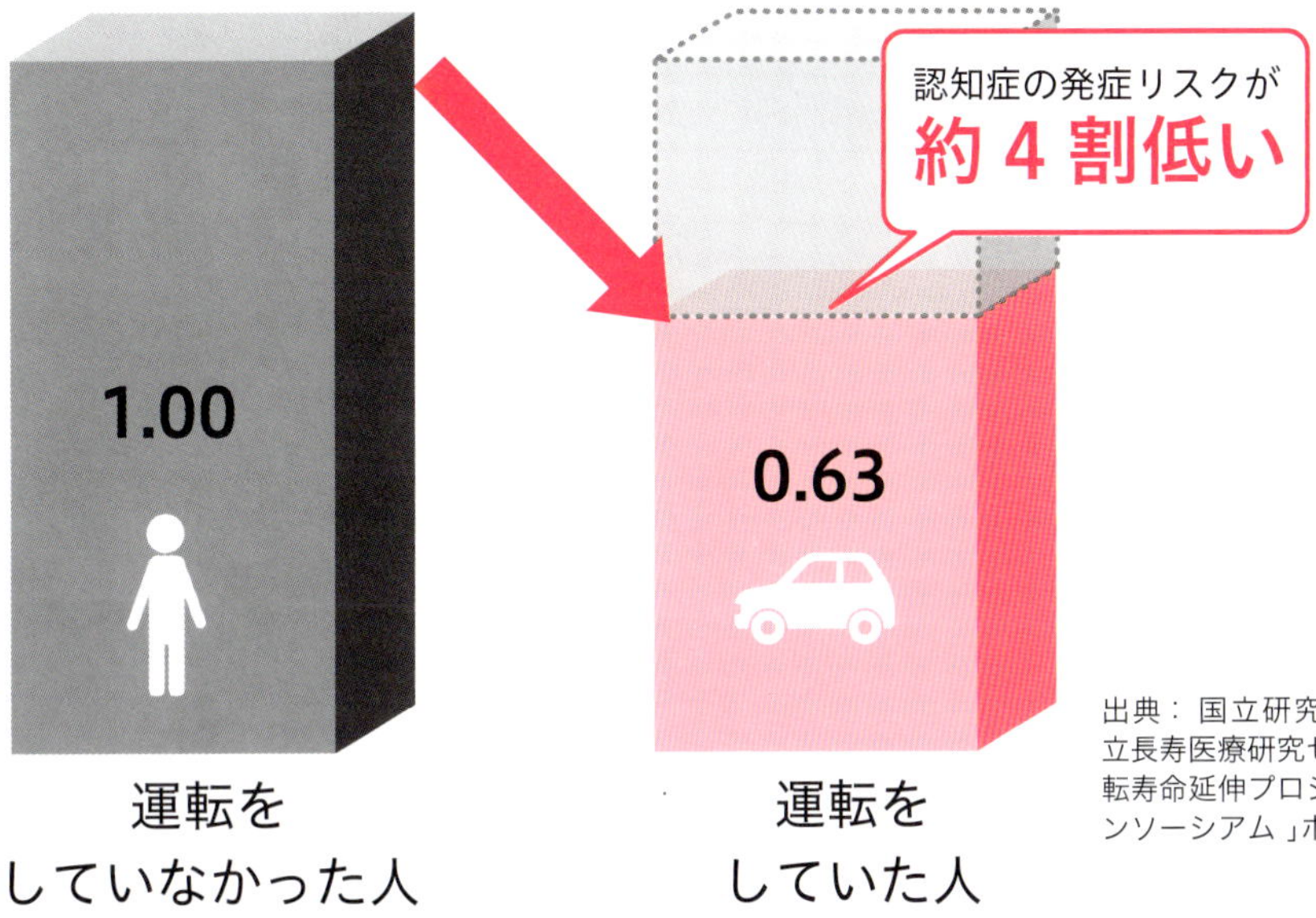

出典：国立研究開発法人国立長寿医療研究センター「運転寿命延伸プロジェクト・コンソーシアム」ホームページ

自分の運転に自ら危険を感じたり、他者から指摘を受けたりしたら、事故を起こす前に運転をやめる決断をすることも大切だ。

免許証を自主返納して運転経歴証明書を取得すると、交通機関の運賃割引などの支援を受けることができる。

ただし、自主返納のタイミングはよく考えよう。運転は脳のさまざまな能力を使うため、認知症予防に役立つ一面もある。あまり早くに運転をやめると、外出の機会や生活の刺激が失われ、かえって認知機能の低下を招くリスクがある。

「運転をしていた高齢者の認知症発症のリスクは、運転をしていなかった高齢者より約４割低い」「運転を中止した高齢者の要介護状態になる危険性は、運転を継続していた高齢者の約８倍多い」という研究報告も発表されている。

免許更新時の認知機能検査に落ちた時点で自主返納するのは選択肢のひとつだが、返納する前にできるだけ医師の診察を受けたほうがよい。

診断結果が認知症ではない可能性があるだけでなく、認知症かどうかわからないまま放置していては、もし認知症であった場合の治療開始が遅れるからだ。

こんな症状は認知症の兆しかも！

兆しのうちに気づいて診察と予防対策を

認知機能の衰えは、運転以外に日常生活のいろいろな場面で現れる。それは認知症になる前の兆しとも言える。

長く運転を続けるためには、この兆しを見逃さず、早めに認知症の予防対策に取り組むことが大切。自分で気がつけばまだ程度は浅く、回復が見込める。本人が気づいていなければ、家族や周囲の人の気づきが悪化を防ぐカギになる。そのためには、もの忘れ以外の症状も、よく知っておくことが大切だ。

アルツハイマー型は匂いがわからなくなる

認知症のタイプによって異なる特徴的な症状がある。アルツハイマー型では、脳よりも先に嗅神経が障害を受けるため、匂いがわかるかどうかでMCIや認知症の初期段階を見つけられる可能性がある。

血管性の認知症は、手足の指が動かしづらくなる行動障害と、悲観的になる、行動意欲がなくなるなどの感情障害が多いのが特徴。脳内の小さな血管が梗塞や出血を起こして、ある日突然、血管性認知症の症状が現れることもある。

MCIや認知症の初期段階で現れやすい症状

もの忘れだけでなく、こんなことが以前より増えてきたなら要注意！
早めに病院で診察を受けよう。

会話

- 何度も同じ話をしていることに気づかない。
- 会話に「あれ」「それ」が増える。
- 会話の途中で何の話をしていたかを忘れる。
- 相手の話を理解できていないのに相槌を打つ。

人と会う

- 約束の日時や場所を思い出せない。
- 服装に気を使わなくなる。
- 人と会うのを嫌がったり、面倒に思ったりする。
- 準備に手間取り、約束の時間に遅れる。

家事

- 慣れている作業でも時間がかかるようになる。
- 作業が雑になったり、途中でやめたりする。
- 新しい電化製品の使い方をなかなか覚えられない。
- 部屋が散らかっていても気にならない。

料理

- 料理の味つけが濃くなる（濃くなったと人に言われる）。
- 食材を余らせたり、足りなくなったりする。
- 手の込んだ料理をつくらなくなる。
- 1週間のうちに何度も同じ料理をつくる。

買い物

- 慣れた店内でも商品を探すのに時間がかかる。
- 家にあることを忘れて同じものを買う。
- どれを買うかなかなか決められない。
- 何を買いに来たのか思い出せず考え込む。

匂い

- 食べ物が腐っていても気がつかない。
- 生ごみの匂いが気にならず、捨てるのを忘れる。
- 汗臭い服を着ていても気がつかない。
- 納豆や干物の匂いがわからない。

病院でMCIと診断されたら

脳と体を動かして認知症への進行予防を

認知症の診断結果のひとつに、「認知症ではないが認知機能の低下がみられる」といった内容がある（36ページ参照）。これは、もの忘れや失敗が増えてはいるが日常生活に困るほどではない状態を指し、MCI（軽度認知障害）と呼ばれる。

MCIを放置すると、さらに認知機能の低下が進み、数年後には認知症になる可能性が高くなる。そのためMCIと診断された人は、認知症の予防対策にしっかりと取り組むことが大切だ。

効果的な予防対策の3本柱は運動、知的活動、コミュニケーションだ。

運動が脳の神経細胞を活発にすることは、多くの研究から認められている。知的活動は、頭を使ってよく考えたり、活動意欲を高めたりすることで脳を刺激する。コミュニケーションが大切なのは、外出や会話を増やすことが脳への刺激になるからだ。

これらの取り組みをバランスよく、楽しみながら続けることで脳が活性化し、弱った認知機能を回復することが期待できる。

MCIから認知症への進行を予防するには

予防対策 10の習慣

認知症予防で大切なのは、楽しみながら続けること。いやなことを強制されても、かえってストレスがたまって認知症になりやすくなる。自分が好きなことを長く続けて、レベルアップを目指そう。知識や経験のない新しいことにも視野を広げてチャレンジすると、さらに効果がアップする。

早く歩ける筋肉をつくる

歩くのが遅くなるのは筋力が衰えている証拠で、アルツハイマー型の兆しとも言われる。ウォーキングや水泳などの有酸素運動で脳の血行をよくし、さらにスクワットやつま先立ちなどで足腰の筋肉を鍛えることも必要。両方をバランスよく組み合わせて1日30分以上の運動を続けるのが理想的。

柔らかい体をつくる

高齢になると、筋力が衰えたり硬くなったりすることから、小さな段差でもつまずきやすくなる。転倒して骨折すると、認知症のリスクが一気に高まる。自由な外出ができなくなり、脳への刺激が乏しくなるからだ。筋肉や関節の柔軟性を高めれば、バランス感覚がよくなって転びにくくなり、筋肉もつきやすくなる。

肉も食べる、魚も食べる

筋肉を鍛えるには、毎日の食事で肉や魚などの動物性タンパク質をしっかり摂ることも大切。高齢者は食事の量や種類を減らしがちだが、栄養が足りないと、活発な活動ができず脳の働きも低下する。1週間で肉料理を2～3回、魚料理を4～5回を目安に、なるべく多くの食品からバランスよく栄養を摂ろう。

シルバー人材センターに登録

シルバー人材センターに登録すれば、大工仕事や家事サービス、配達や集金など多種多様な業務を通じて地域社会に貢献できる。人との関わりが増える点、配分金(報酬)が得られる点も、モチベーションの向上につながる魅力だ。また講習会・研修会に参加すれば、新しい知識や技術を習得でき、脳への刺激につながる。

作品を生み出す

自由な表現で新しい作品を生み出す創作活動は、脳のふだん使わない部分を刺激する。俳句、書道、絵画、カメラ、生け花、手芸など、何でも自分の好きなものを始めてみよう。最初は上手か下手かより自分が楽しむことが大切。少しずつ上達を目指し、仕上がりに達成感や満足感を得ることも脳へのよい刺激になる。

今どきの流行りを追う

好奇心を持ち続けることは、心の若さを保つ秘訣のひとつ。音楽やファッション、テレビ番組など若い世代の流行をキャッチする、孫の好きなキャラクターやタレントを覚えるなど、恥ずかしがらずにチャレンジを。新しい知識や情報にアンテナを張ることが、脳への刺激になる。スマホの新しいアプリなども積極的に使ってみよう。

旅先で感動する

美しい景色を見る、名物を味わう、土地の文化を学び、会話を楽しむ。こうした旅先での体験は、脳への大きな刺激となる。温泉や森林浴など癒やし効果のある体験を加えて、刺激と休息のメリハリをつけるのも効果的。出発前に旅先の情報を集め、計画を立て、効率よく荷物をまとめるなど、旅の一連の行動はよい脳トレになる。

魅力的な自分になる

人の目を意識してオシャレをしたり、運動して体型を整えたり、知識を増やして自分の魅力を高めたりすることは、認知症の予防効果がある。心のときめく相手であれば、男性ホルモン・女性ホルモンの分泌が増えてさらに脳が活性化する。既婚者であればパートナーに対して新鮮な気持ちを持ち続けよう。

音楽でコミュニケーション

音楽を聴いて踊ったり、歌ったり、楽器を演奏したりすることは、脳に心地よい刺激を与えて認知機能の向上を促す。仲間と一緒に楽しめばさらに効果的。合唱や合奏のグループ活動に参加するもよし、カラオケで歌声を披露するのもおすすめ。大きな声で歌うことは、ストレス解消に加え、口の動きや心肺機能の強化にも役立つ。

歯磨きをしっかりと

たくさんの歯でよく噛んで食べると、脳への血流がよくなる。虫歯や歯周病で自分の歯を失うと、しっかり噛めずに栄養バランスが悪くなる。口臭を気にして人との会話を楽しめなくなることも。また、歯周病菌はアルツハイマー型の異常タンパク質の蓄積を加速すると言われる。歯周病の予防には、食後のブラッシングだけでなく歯科医による歯石の除去が必要。

耳が聞こえづらい人は要注意

近年、認知症のリスク因子として注目されているのが難聴だ。耳の障害や老化が直接脳に影響するわけではなく、相手の声が聞こえづらいことでコミュニケーションがうまくできず、社会参加の機会が減ることが一因と考えられている。何度も聞き返すことをためらって、おしゃべりを楽しめなくなっている人は要注意だ。医師に相談のうえ、早めに補聴器の導入を検討しよう。

TOPICS

認知症の進行を遅らせるには

進行を遅らせるために すぐに治療を

認知症と診断されたら、車の運転はできなくなるが、少しでも進行を遅らせるために、すぐに治療を始めることが大切だ。

認知症の治療では、治療薬（54-55ページ参照）を服用しながら、適度な運動とバランスのよい栄養摂取、そして脳を刺激するさまざまな療法に取り組む。介護施設などでは、本人が楽しさや喜びを感じながら脳を活性化できるトレーニングやゲームなどを定期的に行っている。

運転に代わる趣味を見つける

ドライブが趣味だった人は、それに代わる趣味を早く見つけよう。

というのも、認知症の進行には、本人の気持ちが大きく影響するからだ。運転をやめて気分が落ち込み、家に閉じこもることで、進行が早まるおそれもある。

自分で運転ができなくても、外出や人づき合いをなるべく減らさないこと。生活に楽しさや喜び、張り合いなどがあれば、脳への刺激となり、進行を遅らせるのに役立つ。

認知症の進行のイメージ

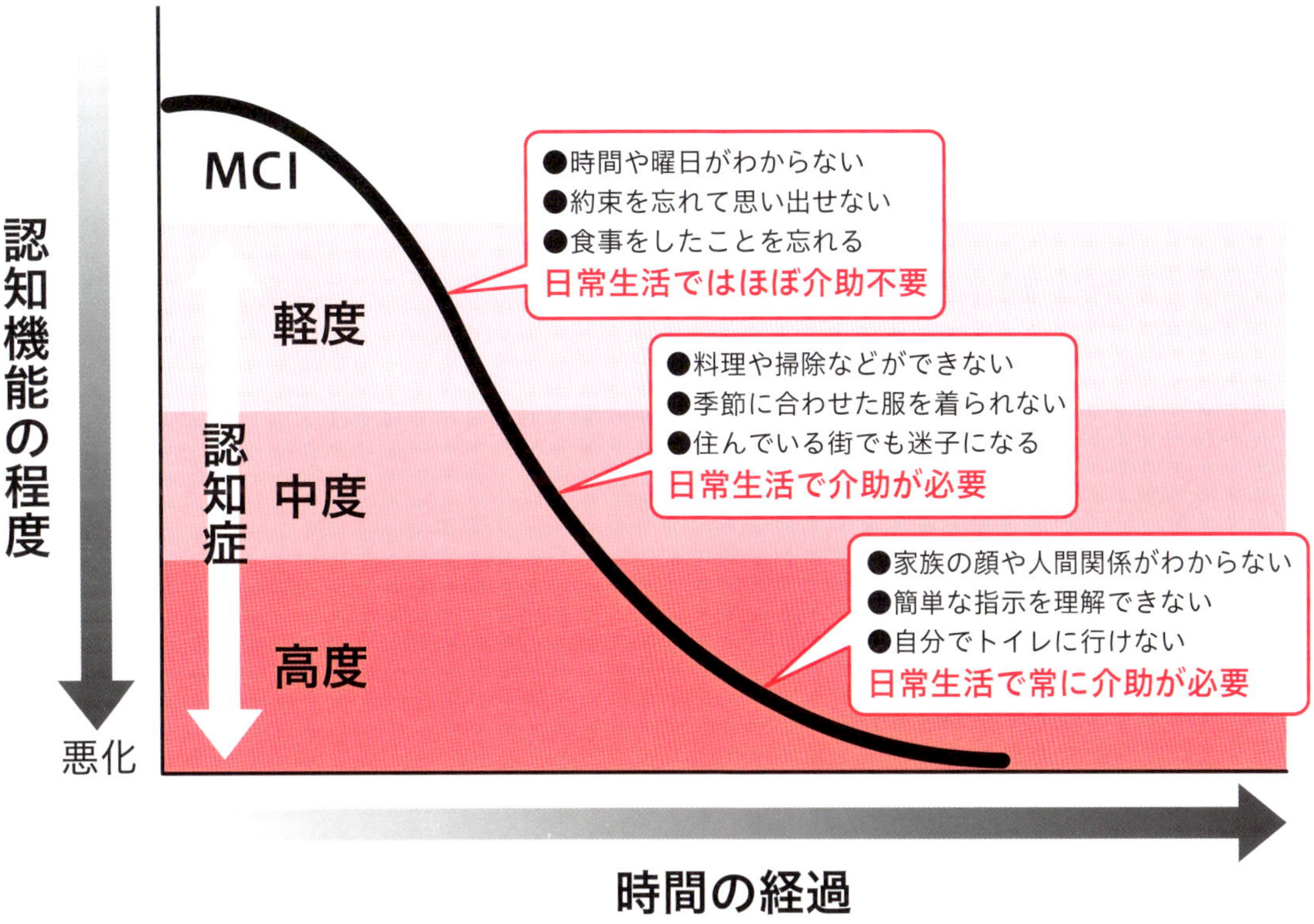

症状は軽度から高度へと進行する

治療やケアをせずに放置すると、認知症は少しずつ悪化する。その進行状態は、軽度、中度、高度と、3段階に大きく分けられる。

軽度のうちであれば、もの忘れはあるものの、周囲のサポートによって日常生活を大きな支障なく送ることができる。ただし、不安や混乱から、本人がイライラすること、怒りやすくなることがある。

中度になると、家事ができなくなる、夏なのに冬物を着るなど、もの忘れ以外の症状も現れ、日常生活に介助が必要になる。また、人によっては暴力や徘徊などの周辺症状が現れやすくなる。

高度になると、家族の顔もわからなくなる、食事やトイレなども自分でできなくなるなど、常に介助が必要となる。

発症から10年経っても進行が目立たない人も

アルツハイマー型の場合、何の治療もケアもしなければ、軽度から高度まで5～6年程度で進行する。

現状では、いったん進行した症状を大きく回復させることは困難だ。そのため、できる限り軽度のうちに診断を受けることが大切。早期からの治療と進行予防対策に取り組むことで、発症から10年以上経っても、症状の進行が目立たない人もいる。

監修

浦上克哉（うらかみ・かつや）

鳥取大学医学部認知症予防学講座 教授、日本認知症予防学会 代表理事
高齢者安全運転支援研究会 理事
1983年、鳥取大学医学部を卒業、1988年、同大学院博士課程修了。
2001年より鳥取大学医学部保健学科生体制御学教授、2022年より認知症予防学講座教授、現在に至る。
2011年4月に日本認知症予防学会を設立し、初代理事長に就任。専門はアルツハイマー型認知症および関連疾患に関する研究。鳥取県内で外来での診察、治療、ケアなどにあたりつつ、認知症の早期発見・予防に取り組む。

寄稿・協力
岩越和紀
NPO法人 高齢者安全運転支援研究会

参考文献・資料

●一般社団法人 日本認知症予防学会監修『認知症予防専門テキスト』（メディア・ケアプラス）
●浦上克哉『認知症予防で運転脳を鍛える』（JAFメディアワークス）
●NPO法人 高齢者安全運転支援研究会監修『これ一冊で必勝!!! 認知機能検査＆運転技能検査』（JAFメディアワークス）
●警察庁ホームページ「認知機能検査について」および「警察庁の施策を示す通達（交通局）」（2024年7月現在）

知っておきたい
75歳からの免許更新

2024年10月　第1版第1刷発行

監修	浦上克哉（Part 2 P36-56、Part 3 P58-59、P63-71）
企画・編集	株式会社イーノ 株式会社JAFメディアワークス
表紙デザイン	水野珠穂
本文デザイン	有限会社トゥエンティフォー
イラスト	ヒラマツオ
発行人	日野眞吾
発行所	株式会社JAFメディアワークス 〒105-0012 東京都港区芝大門1-9-9　野村不動産芝大門ビル10階 電話 03-5470-1711（営業部） https://www.jafmw.co.jp/
印刷・製本	シナノ印刷株式会社

ISBN978-4-7886-2401-6